技工院校计算机类专业（中／高级技能层级）

3ds Max 三维动画制作（第二版）

实训题集

主　编　黄　芳
副主编　何宇飞　雷艳红

中国劳动社会保障出版社

简介

本书是技工院校计算机类专业教材（中 / 高级技能层级）《3ds Max 三维动画制作（第二版）》的配套实训题集。

本书按照教材项目、任务顺序编排，根据教材讲授的知识与技能设置实训任务，具有较强的可操作性和拓展性，可帮助学生进一步巩固所学知识，锻炼实际操作技能。

完成本书中实训任务所需的相关素材可在技工教育网（https://jg.class.com.cn）下载使用。

本书由黄芳担任主编，何宇飞、雷艳红担任副主编，徐振槐、范方华、齐佩霞、夏怡乔、王辉、陈慧芬、李霞、陈才道、焦丹参与编写。

图书在版编目（CIP）数据

3ds Max 三维动画制作（第二版）实训题集 / 黄芳主编. -- 北京：中国劳动社会保障出版社，2025.
（技工院校计算机类专业）. -- ISBN 978-7-5167-6934-8

Ⅰ. TP391.41-44

中国国家版本馆 CIP 数据核字第 20252N0U83 号

中国劳动社会保障出版社出版发行

（北京市惠新东街 1 号　邮政编码：100029）

*

北京宏伟双华印刷有限公司印刷装订　　新华书店经销

787 毫米 ×1092 毫米　16 开本　8.75 印张　171 千字

2025 年 4 月第 1 版　　2025 年 4 月第 1 次印刷

定价：22.00 元

营销中心电话：400-606-6496

出版社网址：https://www.class.com.cn

https://jg.class.com.cn

目录

CONTENTS

项目一
3ds Max 动画入门

实训任务 制作弹跳小人动画

一、实训任务

人物造型及动作的设计是动画设计的必备技能。本任务要求在熟悉人物的头部基本构成及跳动、转身等常见的人物动作基础上，完成如图 1–1–1 所示弹跳小人动画的制作。

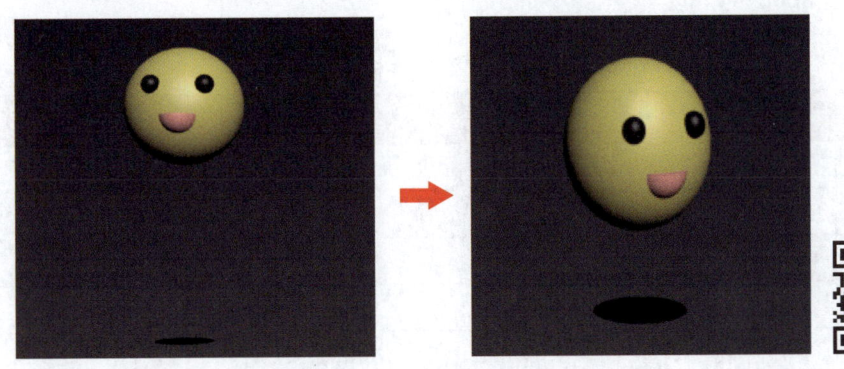

图 1–1–1 弹跳小人动画效果图

效果视频

二、任务分析

在本任务中，可利用标准基本体中的“球体”“圆柱体”，通过“克隆选项”工具和“半球”设置完成小人与投影的建模，分别对小人和投影设置自动关键点参数，完成小人弹跳的动画效果。

结合以上分析，可绘制出本任务的实施过程和技术要点的思维导图，如图 1–1–2 所示。参照思维导图，复习教材中相应的知识点和技能点。

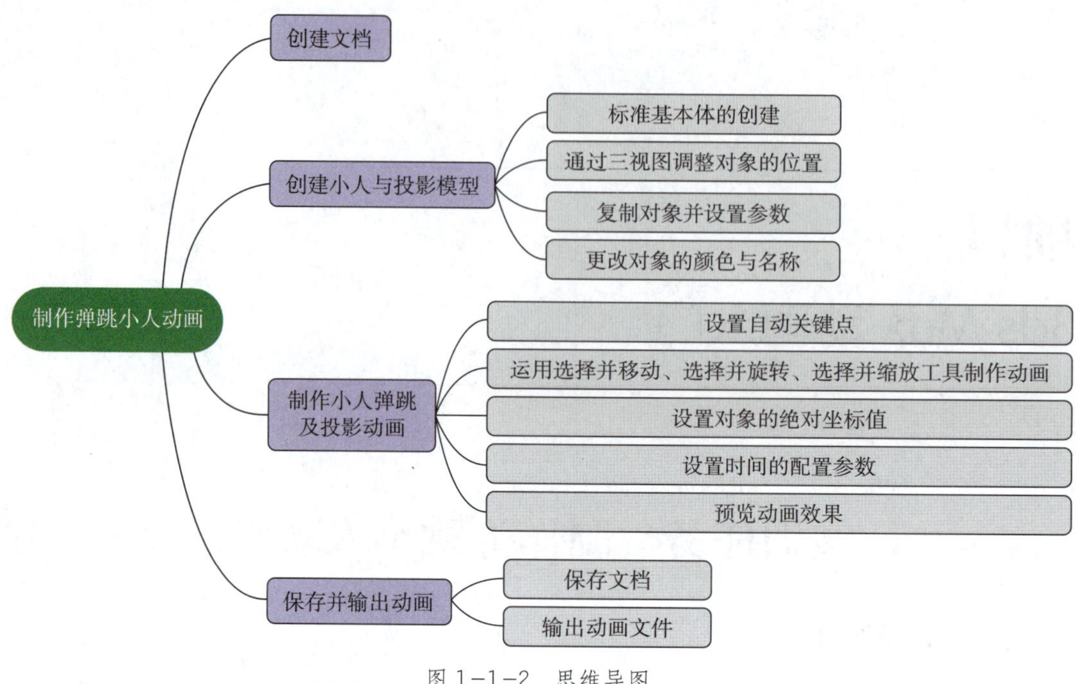

图 1-1-2 思维导图

三、制订计划

根据任务分析，制订完成本任务的实训计划，填入表 1-1-1 中。

表 1-1-1 实训计划

序号	工作内容	所需时间
1		
2		
3		
4		
5		
6		
7		
8		
9		
10		

四、操作步骤提示

参照表 1-1-2 所列的主要操作步骤和操作要点，完成弹跳小人动画的制作。

表 1-1-2　主要操作步骤和操作要点

操作步骤		操作要点
创建小人与投影模型	绘制小人头部	在顶视图中绘制一个球体，在“参数”卷展栏中，设置其半径为 50 mm，分段为 30，设置对象的颜色为黄色，将对象重命名为“头部”
	绘制小人眼睛	（1）在顶视图中绘制一个球体，设置其半径为 8 mm，分段为 30，设置对象的颜色为黑色，利用“选择并移动”工具在顶视图、前视图、左视图中调整眼睛的位置，使其与头部贴合
		（2）使用鼠标左键按住前面已经绘制好的眼睛，并按住 Shift 键将其沿 *X* 轴方向向右拖动，弹出“克隆选项”对话框，设置对应的参数，再调整其位置
	绘制小人嘴巴	在顶视图中绘制一个球体，设置其半径为 20 mm，分段为 30，半球为 0.5，设置对象的颜色为肉色。使用“选择并旋转”工具在前视图中将其沿 *X* 轴进行旋转，并将参数改为 −180
	组合对象	选择头部、眼睛、嘴巴对象，在菜单栏中执行“组”→“组…”命令，设置“组名”为“小人”
	绘制投影	在顶视图中绘制一个圆柱体，设置其半径为 50 mm，高度为 0 mm，高度分段为 1，端面分段为 1，边数为 20，设置对象的颜色为黑色

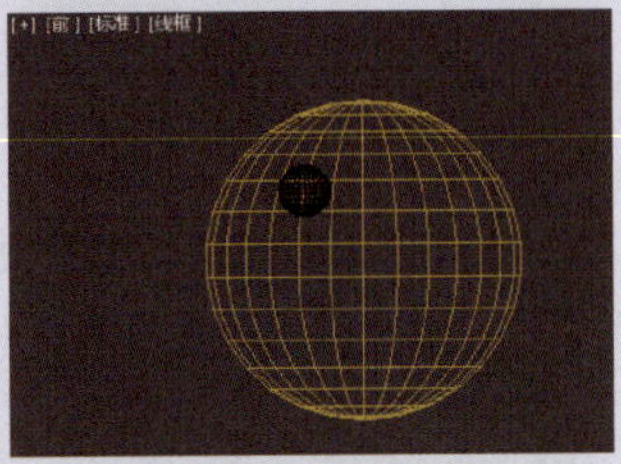

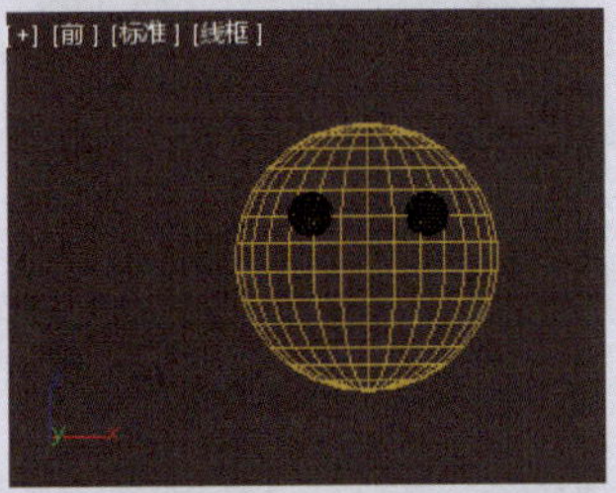

续表

操作步骤		操作要点	
制作小人弹跳及投影动画	制作小人弹跳动画	（1）调整小人第 0 帧的位置，使其绝对坐标值 *X* 为 0，*Y* 为 0，*Z* 为 155 mm	
		（2）调整小人第 10 帧的位置，使其绝对坐标值 *X* 为 0，*Y* 为 0，*Z* 为 120 mm，沿 *Z* 轴旋转 90°，右击“选择并非均匀缩放”工具，在对话框中设置 *Z* 为 130 mm	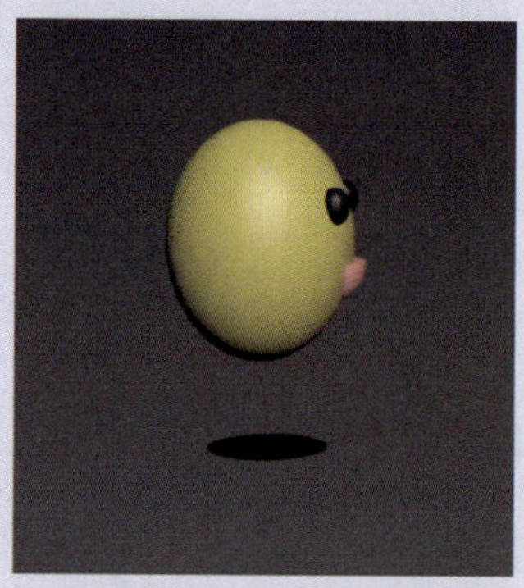
		（3）调整小人第 20 帧的位置，使其绝对坐标值 *X* 为 0，*Y* 为 0，*Z* 为 35 mm，沿 *Z* 轴旋转 180°，右击“选择并非均匀缩放”工具，在对话框中设置 *Z* 为 70 mm	
		（4）调整小人第 30 帧的位置，使其绝对坐标值 *X* 为 0，*Y* 为 0，*Z* 为 120 mm，沿 *Z* 轴旋转 −90°，右击“选择并非均匀缩放”工具，在对话框中设置 *Z* 为 130 mm	

续表

操作步骤		操作要点
制作小人弹跳及投影动画	制作小人弹跳动画	（5）调整小人第 40 帧的位置，使其绝对坐标值 *X* 为 0，*Y* 为 0，*Z* 为 35 mm，沿 *Z* 轴旋转 0°，右击“选择并非均匀缩放”工具，在对话框中设置 *Z* 为 70 mm 
		（6）调整小人第 50 帧的位置，使其绝对坐标值 *X* 为 0，*Y* 为 0，*Z* 为 120 mm，沿 *Z* 轴旋转 90°，右击“选择并非均匀缩放”工具，在对话框中设置 *Z* 为 130 mm 
		（7）调整小人第 60 帧的位置，使其绝对坐标值 *X* 为 0，*Y* 为 0，*Z* 为 35 mm，沿 *Z* 轴旋转 180°，右击“选择并非均匀缩放”工具，在对话框中设置 *Z* 为 70 mm 
		（8）调整小人第 70 帧的位置，使其绝对坐标值 *X* 为 0，*Y* 为 0，*Z* 为 120 mm，沿 *Z* 轴旋转 −90°，右击“选择并非均匀缩放”工具，在对话框中设置 *Z* 为 130 mm 

续表

操作步骤		操作要点
制作小人弹跳及投影动画	制作小人弹跳动画	（9）调整小人第 80 帧的位置，使其绝对坐标值 *X* 为 0，*Y* 为 0，*Z* 为 35 mm，沿 *Z* 轴旋转 90°，右击“选择并非均匀缩放”工具，在对话框中设置 *Z* 为 100 mm
	制作投影动画	（1）调整投影第 0 帧的位置，使其绝对坐标值 *X*、*Y*、*Z* 均为 0
		（2）调整投影第 20 帧的位置，使其绝对坐标值 *X*、*Y*、*Z* 均为 80，使用“选择并非均匀缩放”工具对“投影”进行缩放
		（3）调整投影第 40 帧的位置，使其绝对坐标值 *X*、*Y*、*Z* 均为 50，使用“选择并非均匀缩放”工具对“投影”进行缩放
		（4）调整投影第 60 帧的位置，使其绝对坐标值 *X*、*Y*、*Z* 均为 80，使用“选择并非均匀缩放”工具对“投影”进行缩放
		（5）调整投影第 80 帧的位置，使其绝对坐标值 *X*、*Y*、*Z* 均为 50，使用“选择并非均匀缩放”工具对“投影”进行缩放
	设置时间配置参数	设置帧速率为 PAL，动画结束时间为 80

五、实训评价

实训任务完成后展示作品，并分享任务过程中的心得和体会，然后从学习过程、作品效果和作品展示等多方面进行实训评价，可采用学生自评、学生互评与教师评价相结合的多元评价方式，见表1-1-3。

表1-1-3 实训评价表

序号	评价项目	评价要求	分值/分	学生自评（占比30%）	学生互评（占比30%）	教师评价（占比40%）
1	自主复习	实训前能应用思维导图复习、总结学习过的内容	10			
2	制订计划	对实训任务的分析准确、到位、有明确可行的操作步骤	10			
3	任务实施及检查评估	1. 能完成小人和投影模型的创建（15分） 2. 能完成小人弹跳动画的制作（20分） 3. 能完成投影动画的制作（20分） 4. 动画预览流畅自然（5分）	60			
4	成果展示及学习心得交流	在成果展示与汇报时，能使用专业术语，表达准确、语言流畅、声音洪亮、普通话标准、仪态大方	10			
5	自主总结	能对实训后的收获进行梳理，总结收获与不足之处	5			
6	小组学习	能帮助小组内其他同学	5			
7	6S规范	每发现1次不符合规范的操作扣2分；若违反安全操作规范，实训成绩计0分	—			
综合得分						

六、实训拓展

参考图 1–1–3，制作秋千摆动动画。

图 1-1-3 秋千摆动动画效果图

效果视频

七、知识巩固与提高

1. 在默认状态下，执行“选择并移动”命令的快捷键为（　　）。

A. E　　B. W　　C. R　　D. S

2. 将对象重新命名，需要使用（　　）菜单。

A. 文件　　B. 编辑　　C. 工具　　D. 修改器

3. 命令面板位于软件界面的（　　）。

A. 上方　　B. 下方　　C. 左侧　　D. 右侧

4. 将建立的对象保存为通用格式，可以选择（　　）格式。

A. max　　B. swf　　C. obj　　D. stl

5. 选中对象后，按住（　　）键拖动，可以完成对象的复制操作。

A. Shift　　B. Ctrl　　C. Alt　　D. Tab

6. 下列选项中，不属于缩放类型的是（　　）。

A. 选择并挤压　　B. 选择并缩放

C. 选择并非均匀缩放　　D. 选择并均匀缩放

7. 切换到前视图的快捷键为（　　）。

A. F　　B. T　　C. L　　D. P

8. 在当前视口中，按（　　）键可以显示“线框”模式。

A. F1　　B. F2　　C. F3　　D. F4

9. 下列四个按钮中，（　　）用于最大化显示视口。

A. 　　B. 　　C. 　　D.

10. 创建对象后，需要修改其参数设置，可以使用（　　）面板。

A. 创建　　B. 修改　　C. 层次　　D. 显示

项目二
基础建模

实训任务 1　制作书柜模型

一、实训任务

书柜是生活中常见的家具，本任务的内容就是制作一个书柜模型，完成后的效果如图 2-1-1 所示。

图 2-1-1　书柜模型效果图

效果视频

二、任务分析

在本任务中，可通过“标准基本体”和“扩展基本体”制作模型，使用阵列、移动、复制等操作完成书柜的建模。

结合以上分析，可绘制出本任务的实施过程和技术要点的思维导图，如图 2-1-2 所示。参照思维导图，复习教材中相应的知识点和技能点。

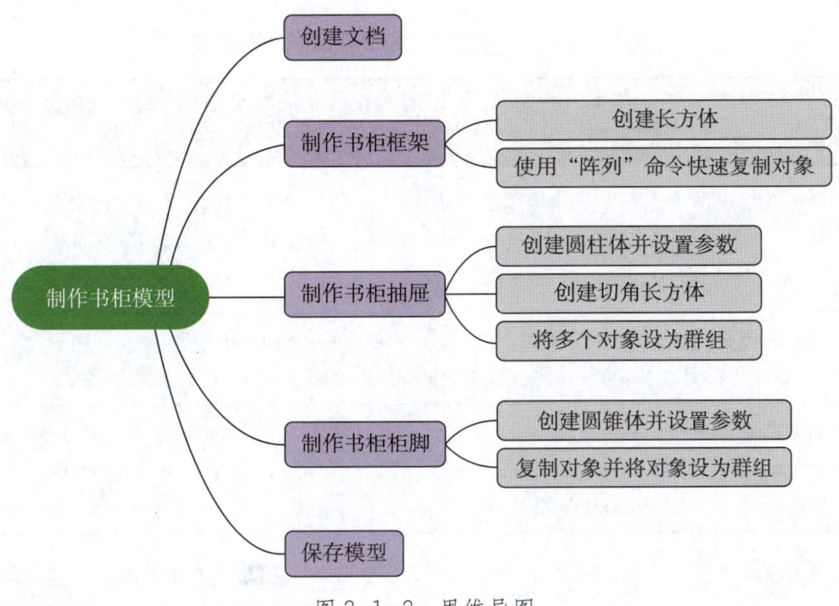

图 2-1-2　思维导图

三、制订计划

根据任务分析，制订完成本任务的实训计划，填入表 2-1-1 中。

表 2-1-1　实训计划

序号	工作内容	所需时间
1		
2		
3		
4		
5		
6		
7		
8		
9		
10		

四、操作步骤提示

参照表 2–1–2 所列的主要操作步骤和操作要点，完成书柜模型的制作。

表 2–1–2　主要操作步骤和操作要点

操作步骤	操作要点
制作书柜框架	（1）在顶视图中，在右侧命令面板中执行“创建”→“几何体”→“标准基本体”→“长方体”命令，在顶视图中创建一个长方体，名为 box001，长度为 300 mm，宽度为 550 mm，高度为 20 mm，颜色为白色
	（2）在前视图中，开启“捕捉”功能，捕捉对象 box001 的端点，创建一个长方体，名为 box002，长度为 1 900 mm，宽度为 550 mm，高度为 20 mm，颜色为白色
	（3）在右视图中，按以上方法，创建一个长方体，名为 box003，长度为 1 900 mm，宽度为 300 mm，高度为 20 mm，颜色为白色。用“选择”工具单击对象 box003，按住 Shift 移动并复制对象，对齐 box001 的另一侧端点
	（4）在前视图中，选择对象 box001，单击“阵列”工具，弹出对话框，参照图示设置参数
制作书柜抽屉	（1）在前视图中，选择 box001 对象，将其复制并移动到下图所示位置，选择复制后的对象，设置其颜色为 R:135、G:59、B:8

续表

操作步骤	操作要点
制作书柜抽屉	（2）制作抽屉门，在其内部创建一个长方体，切换到顶视图，在右侧命令面板中执行“创建”→“几何体”→“标准基本体”→“圆柱体”命令，创建一个圆柱体，并将其命名为“圆柱 001”，参数设置如右图所示 选择对象，单击“非均匀缩放”工具，选择 X 轴方向，放大 150% 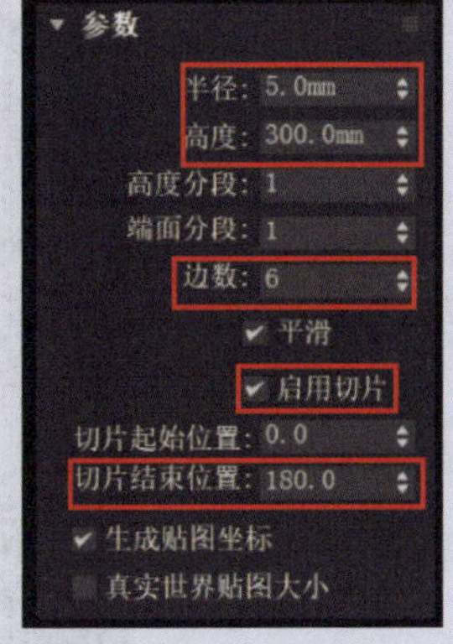 按住 Shift 键，拖动物体进行复制，在弹出的对话框的“对象”栏中选中“实例”，设副本数为 33。在前视图中，将抽屉门对齐并创建组，得到对象“组 002”，将对象的颜色改为 R:255、G:255、B:255，得到抽屉门的效果 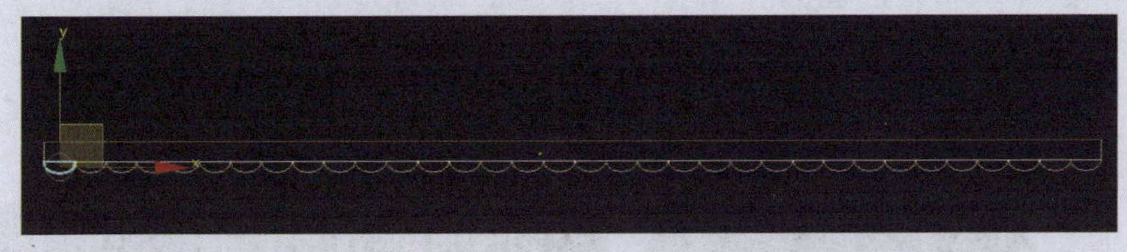
	（3）制作抽屉门把手，切换到前视图，在右侧命令面板中执行“创建”→“几何体”→“扩展基本体”→“切角长方体”命令，创建一个切角长方体，并将其命名为“切角长方体 001”，设其长为 20 mm，宽为 10 mm，高度为 18 mm，圆角为 3 mm，然后制作门把手的连接部件，创建一个圆环，设其半径 1 为 18 mm，半径 2 为 3 mm，选择两个对象并创建群组，将对象放置到抽屉门上（如下图所示位置），设置对象的颜色为 R:135、G:110、B:8 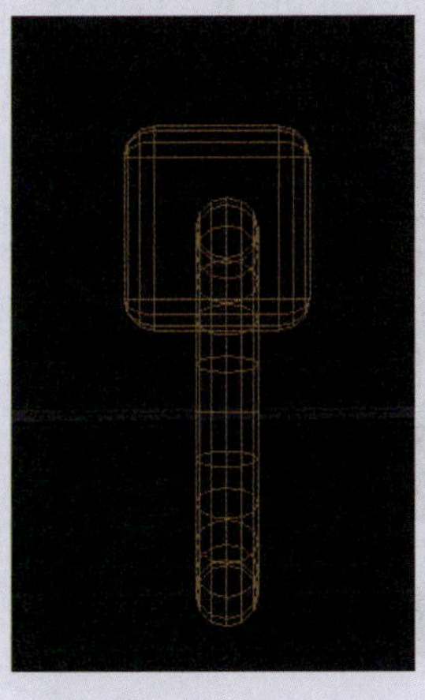 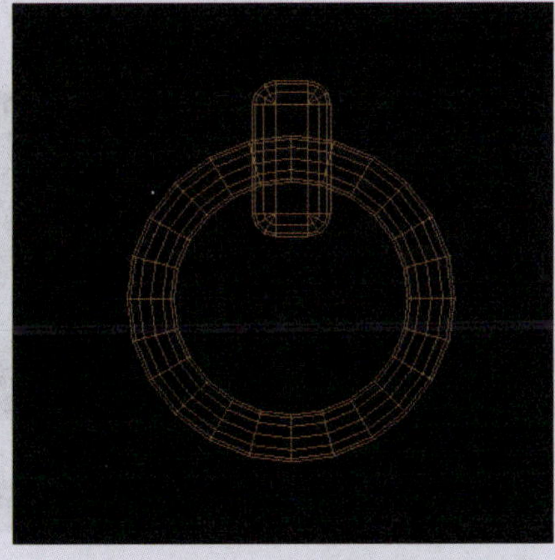

续表

操作步骤	操作要点
制作书柜抽屉	
制作书柜柜脚	（1）切换到顶视图中，在右侧命令面板中执行“创建”→“几何体”→“标准基本体”→“圆锥体”命令，创建一个圆锥体，设其半径 1 为 5 mm，半径 2 为 20 mm，高度为 150 mm，将对象移动到书柜底部，将两个物体的上下底面捕捉对齐，移动并复制对象制作 4 个柜脚，选中全部柜脚创建群组，命名为“组 001”，设置对象的颜色为 R:135、G:110、B:8  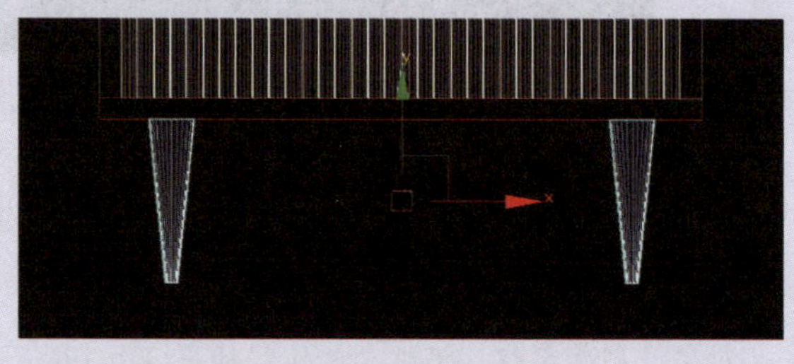
	（2）选择所有对象，创建群组并命名为“组 003”，得到一个单元格的效果，将该单元格移动并复制出另外两个单元格 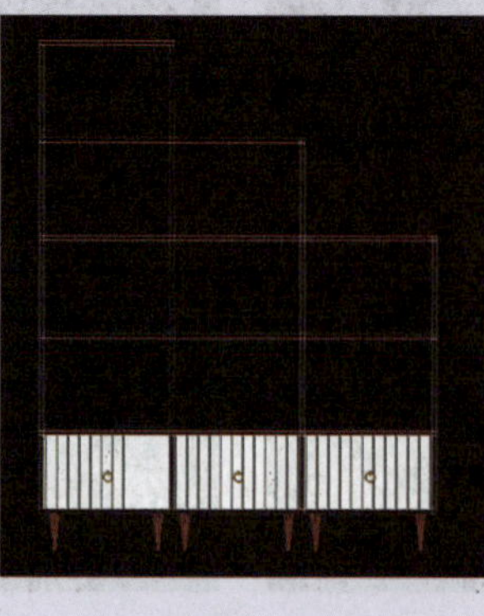

续表

操作步骤	操作要点
保存模型	调整视口显示角度，得到书柜效果，保存模型 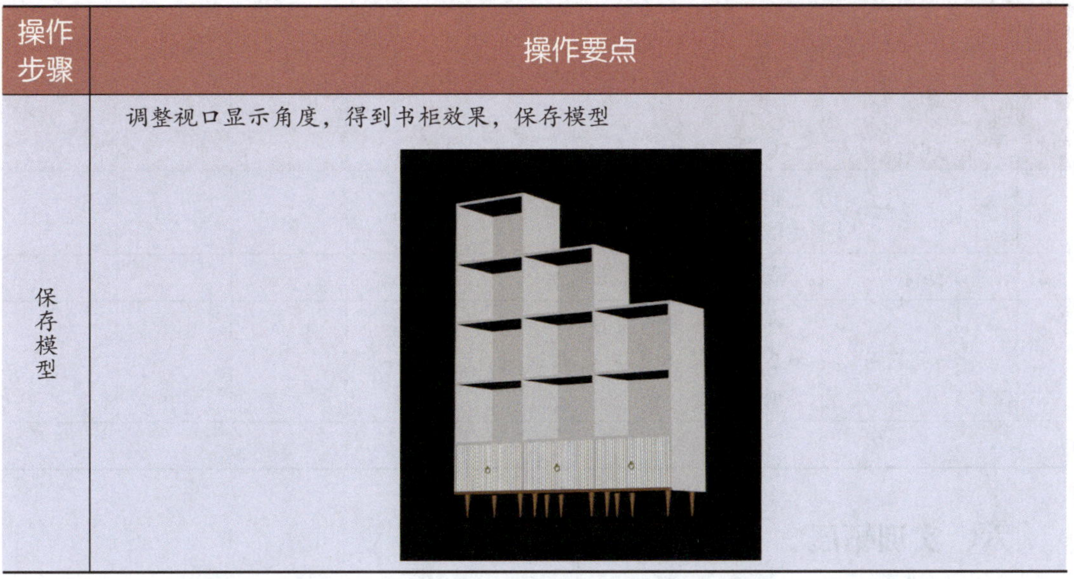

五、实训评价

实训任务完成后展示作品，并分享任务过程中的心得和体会，然后从学习过程、作品效果和作品展示等多方面进行实训评价，可采用学生自评、学生互评与教师评价相结合的多元评价方式，见表 2-1-3。

表 2-1-3　实训评价表

序号	评价项目	评价要求	分值/分	学生自评（占比30%）	学生互评（占比30%）	教师评价（占比40%）
1	自主复习	实训前能应用思维导图复习、总结学习过的内容	10			
2	制订计划	对实训任务的分析准确、到位、有明确可行的操作步骤	10			
3	任务实施及检查评估	1. 能创建书柜框架（15 分） 2. 能创建书柜抽屉（20 分） 3. 能创建书柜柜脚（15 分） 4. 渲染预览正常（10 分）	60			
4	成果展示及学习心得交流	在成果展示与汇报时，能使用专业术语，表达准确、语言流畅、声音洪亮、普通话标准、仪态大方	10			

续表

序号	评价项目	评价要求	分值/分	学生自评（占比30%）	学生互评（占比30%）	教师评价（占比40%）
5	自主总结	能对实训后的收获进行梳理，总结收获与不足之处	5			
6	小组学习	能帮助小组内其他同学	5			
7	6S 规范	每发现 1 次不符合规范的操作扣 2 分，若违反安全操作规范，实训成绩计 0 分	—			
综合得分						

六、实训拓展

参考图 2-1-3，制作书桌模型。

图 2-1-3　书桌模型效果图

效果视频

七、知识巩固与提高

1. 创建 box001 后，可在（　　）卷展栏中更改对象颜色。

A. 设置　　B. 选择

C. 编辑修改器　　D. 系统管理

2. 在阵列工具的对象类型中，选择（　　）类型，复制的对象与原对象相互关联，对复制的对象或原对象中的任意一个对象做任何修改，都会影响到其他对象。

A. 复制　　B. 实例　　C. 参考　　D. 关联

3. 按住（　　）键拖动对象，可以完成复制操作。

A. Ctrl　　B. Shift　　C. Alt　　D. Ctrl+Shift

4.“阵列”命令在（　　）菜单中。

A. 文件　　B. 编辑　　C. 工具　　D. 创建

5. 切角长方体对象在（　　）选项中。

A. 实体对象　　B. 标准基本体　　C. 复合对象　　D. 扩展基本体

实训任务 2　绘制钥匙轮廓

一、实训任务

钥匙是常见的生活用品，本任务的内容就是制作一个钥匙轮廓的模型，完成后的效果如图 2-2-1 所示。

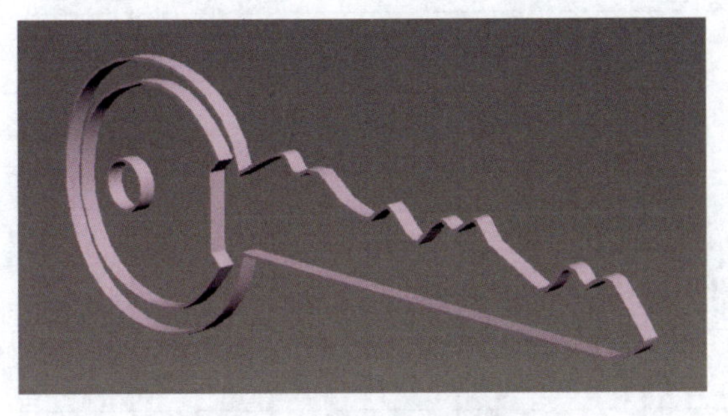

图 2-2-1　钥匙轮廓效果图

效果视频

二、任务分析

在本任务中，通过“标准基本体”中的图形对象制作模型，编辑样条线、曲线渲染完成钥匙轮廓的建模。

结合以上分析，可绘制出本任务的实施过程和技术要点的思维导图，如图 2-2-2 所示。参照思维导图，复习教材中相应的知识点和技能点。

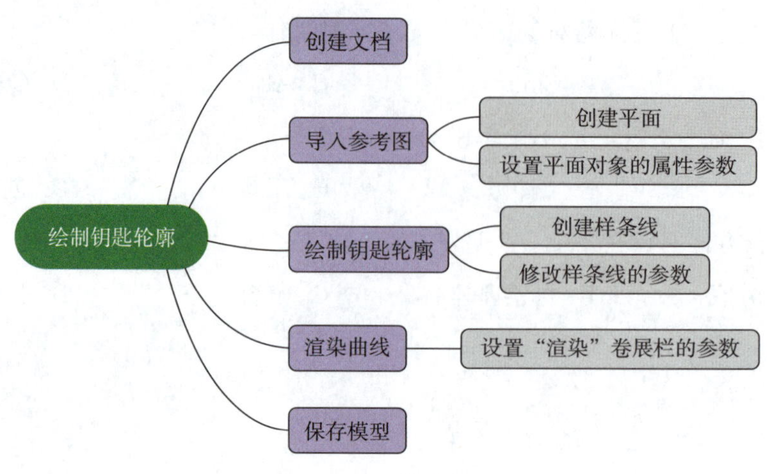

图 2-2-2　思维导图

三、制订计划

根据任务分析，制订完成本任务的实训计划，填入表 2-2-1 中。

表 2-2-1　实训计划

序号	工作内容	所需时间
1		
2		
3		
4		
5		
6		
7		
8		
9		
10		

四、操作步骤提示

参照表 2-2-2 所列的主要操作步骤和操作要点，完成钥匙轮廓的绘制。

表 2-2-2　主要操作步骤和操作要点

<table>
<tr><th>操作步骤</th><th>操作要点</th></tr>
<tr><td rowspan="4">导入参考图</td><td>（1）打开素材文件夹，右击图片“素材－钥匙.jpg”，在弹出的菜单中选择“属性”，单击“详细信息”选项卡，查看图片的分辨率并做好记录</td></tr>
<tr><td>（2）新建文档，在右侧命令面板中执行“创建”→“几何体”→“标准基本体”→“平面”命令，在前视图中创建一个平面，将平面的长度和宽度设置为上一步记录的参数值，即长度为 1 092 mm，宽度为 2 724 mm
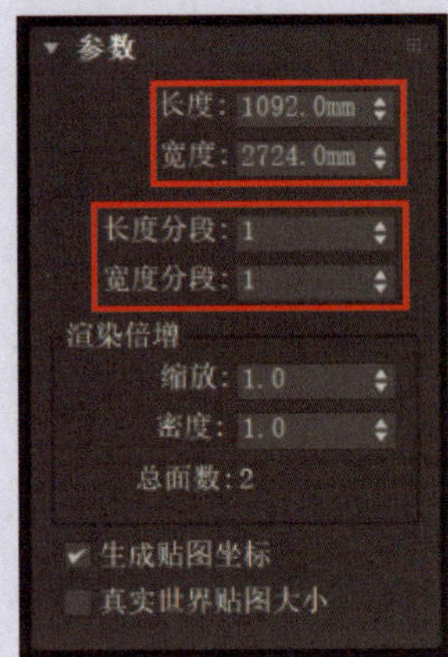
</td></tr>
<tr><td>（3）选择参考图片“素材－钥匙.jpg”，将其直接拖拽到前视图的平面上
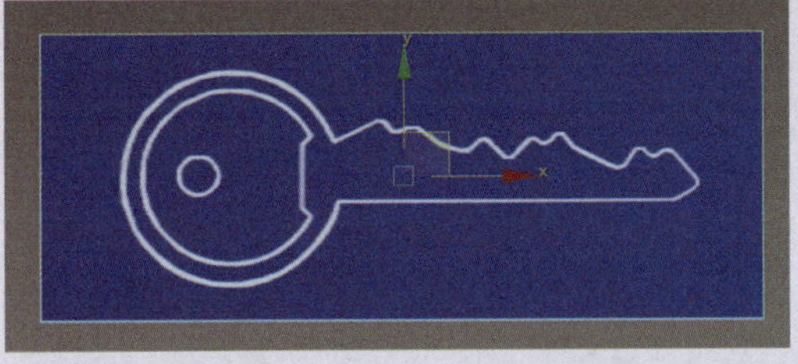</td></tr>
<tr><td>（4）右击该平面，选择“对象属性”，在弹出的对话框中勾选“冻结”复选框，取消“以灰色显示冻结对象”复选框的勾选，单击“确定”按钮，保存此属性设置</td></tr>
<tr><td rowspan="2">绘制钥匙轮廓</td><td>（1）切换到前视图，在命令面板中执行“创建”→“图形”→“样条线”→“线”命令，参考图片绘制钥匙轮廓，选择线的“顶点”子集，按 Ctrl+A 组合键全选所有的点，右击选择 Bezier 角点，然后按照参照图调节轮廓线</td></tr>
<tr><td>（2）绘制内部轮廓线后，在“修改”面板中单击“附加”按钮，在视图中单击要结合的轮廓线
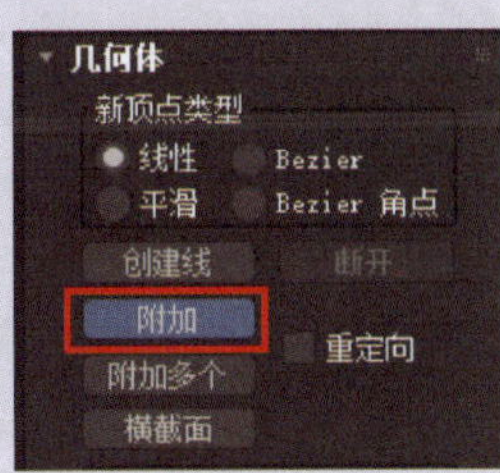

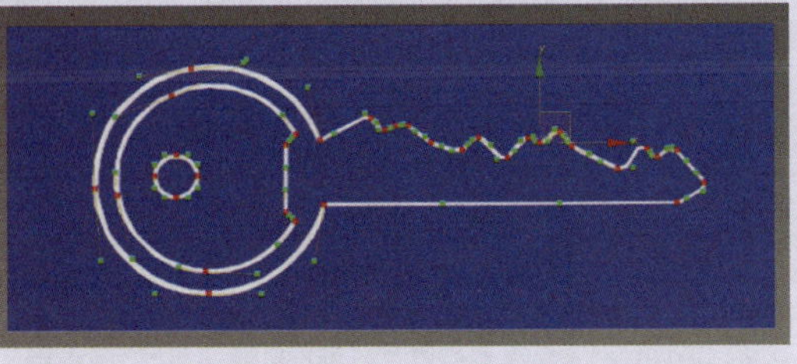</td></tr>
</table>

续表

操作步骤	操作要点
渲染曲线	选择曲线图形，在右侧“修改”面板的“渲染”卷展栏中，勾选“在渲染中启用”和“在视口中启用”复选框，设置渲染“矩形”的长度为50 mm、宽度为10 mm，得到右图所示效果

五、实训评价

实训任务完成后展示作品，并分享任务过程中的心得和体会，然后从学习过程、作品效果和作品展示等多方面进行实训评价，可采用学生自评、学生互评与教师评价相结合的多元评价方式，见表2-2-3。

表2-2-3 实训评价表

序号	评价项目	评价要求	分值/分	学生自评（占比30%）	学生互评（占比30%）	教师评价（占比40%）
1	自主复习	实训前能应用思维导图复习、总结学习过的内容	10			
2	制订计划	对实训任务的分析准确、到位、有明确可行的操作步骤	10			
3	任务实施及检查评估	1. 能利用样条线绘制钥匙轮廓（20分） 2. 样条线平滑自然（25分） 3. 能完成样条线的附加（5分） 4. 渲染预览流畅自然（10分）	60			
4	成果展示及学习心得交流	在成果展示与汇报时，能使用专业术语，表达准确、语言流畅、声音洪亮、普通话标准、仪态大方	10			
5	自主总结	能对实训后的收获进行梳理，总结收获与不足之处	5			
6	小组学习	能帮助小组内其他同学	5			
7	6S规范	每发现1次不符合规范的操作扣2分；若违反安全操作规范，实训成绩计0分	—			
综合得分						

六、实训拓展

参考图 2-2-3，绘制龙纹轮廓。

图 2-2-3　龙纹轮廓效果图

效果视频

七、知识巩固与提高

1. 创建对象后，在视图中只能看见对象，但不能设置对象的操作为（　　）。

A. 冻结　　B. 选择　　C. 隐藏　　D. 删除

2. 在绘制内部轮廓线后，在修改面板中单击“（　　）”按钮，可以选择要结合的轮廓线。

A. 创建线　　B. 附加　　C. 附加多个　　D. 横截面

3. 在绘制内部轮廓线后，在修改面板中单击“（　　）”按钮，可以增加顶点。

A. 连接　　B. 创建线　　C. 插入　　D. 优化

4. 选择曲线图形，在“渲染”卷展栏中，勾选（　　）复选框，可以在视口和渲染中显示物体效果。

A.“在渲染中启用”　　B.“在渲染中启用”和“在视口中启用”

C.“在视口中启用”　　D.“使用视口设置”

5. 选择“样条线”子集，在“（　　）”卷展栏中可以设置“修剪”。

A. 渲染　　B. 曲面属性　　C. 选择　　D. 几何体

实训任务3　制作园林石桌与石凳模型

一、实训任务

园林石桌与石凳具有美化环境和提供休息场所的功能，本任务的内容就是制作一套石桌与石凳的模型，完成后的效果如图 2–3–1 所示。

图 2-3-1　园林石桌与石凳模型效果图

效果视频

二、任务分析

在本任务中，使用标准基本体、扩展基本体和复合对象制作模型，使用圆柱体、切角圆柱体、放样和布尔工具完成石桌与石凳的建模。

结合以上分析，可绘制出本任务的实施过程和技术要点的思维导图，如图 2–3–2 所示。参照思维导图，复习教材中相应的知识点和技能点。

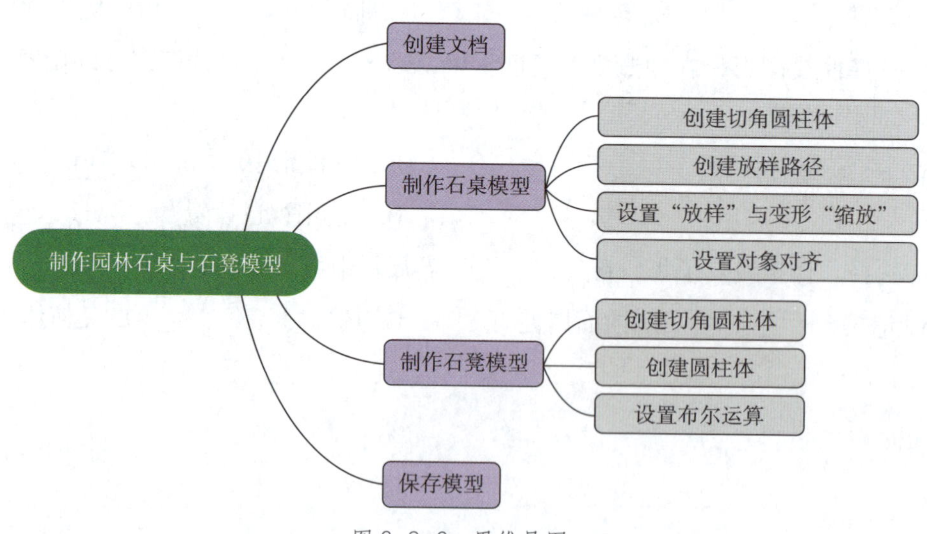

图 2-3-2　思维导图

三、制订计划

根据任务分析，制订完成本任务的实训计划，填入表 2-3-1 中。

表 2-3-1　实训计划

序号	工作内容	所需时间
1		
2		
3		
4		
5		
6		
7		
8		
9		
10		

四、操作步骤提示

参照表 2-3-2 所列的主要操作步骤和操作要点，完成园林石桌与石凳模型的制作。

表 2-3-2　主要操作步骤和操作要点

操作步骤	操作要点
制作石桌模型	（1）切换到顶视图，在右侧命令面板中执行“创建”→“几何体”→“扩展基本体”→“切角圆柱体”命令，创建一个切角圆柱体，设其半径为 300 mm，高度为 30 mm，圆角为 10 mm，高度分段为 1，圆角分段为 3，边数为 24，对象名称为“ChamferCyl001”
	（2）切换到前视图，在右侧命令面板中执行“创建”→“图形”→“样条线”→“线”命令，创建一条线，设其长度为 450 mm，将对象重命名为“Line001”，切换到顶视图，在右侧命令面板中执行“创建”→“图形”→“样条线”→“圆”命令，创建一个圆，设其半径为 50 mm，对象名称为“Circle001”，将“Line001”与“Circle001”捕捉对齐

续表

操作步骤	操作要点
制作石桌模型	（3）切换到前视图，选择对象“Circle001”，在右侧命令面板中执行“创建”→“几何体”→“复合对象”→“放样”命令，单击“获取路径”按钮，获取路径“Line001”，创建放样对象“Loft001” 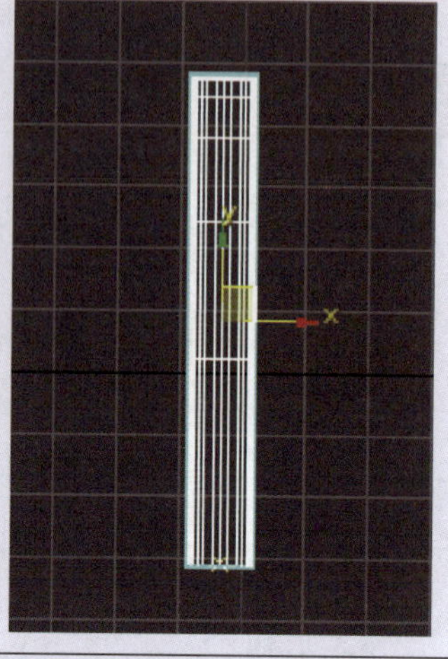
	（4）在“变形”卷展栏中，单击“缩放”按钮，单击“缩放变形”中插入角点 
	（5）单击“移动控制点”按钮，对调节点进行移动调节，调节点 1 的具体位置至 X 为 0.00，Y 为 200；调节点 2 的具体位置至 X 为 14.0，Y 为 100；调节点 3 的具体位置至 X 为 17.0，Y 为 130；调节点 4 的具体位置至 X 为 20.0，Y 为 100；调节点 5 的具体位置至 X 为 100，Y 为 75，右击调节点，将其转换为“Bezier-角点”，调节平滑度，得到右图所示效果 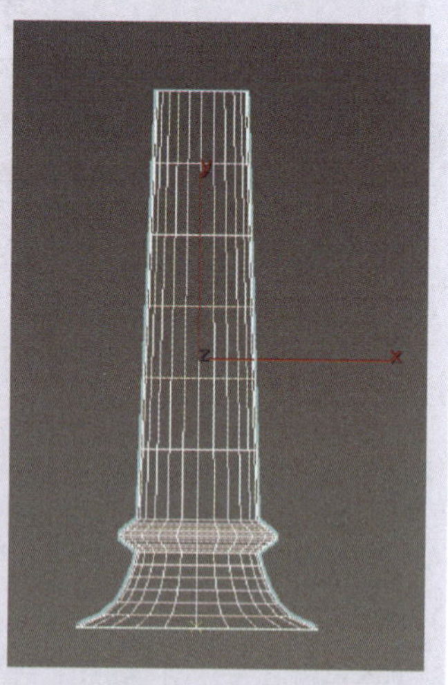
	（6）创建石桌底部，在顶视图中，创建一个切角圆柱体，设其半径为 180 mm，高度为 15 mm，圆角为 3 mm，高度分段为 1，圆角分段为 3，边数为 24，对象名称为“Chamfercly003”

续表

<table>
<tr><th>操作步骤</th><th>操作要点</th></tr>
<tr><td>制作石桌模型</td><td>（7）单击“选择”按钮，选择对象“Chamfercly001”“Loft001”和“Chamfercly003”，单击“对齐”按钮，将对象中心对齐
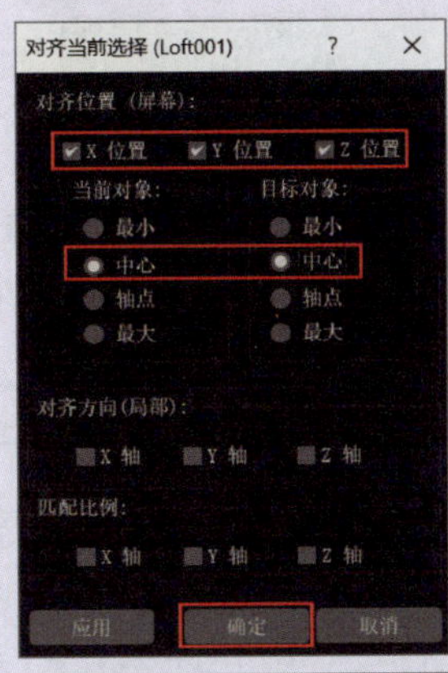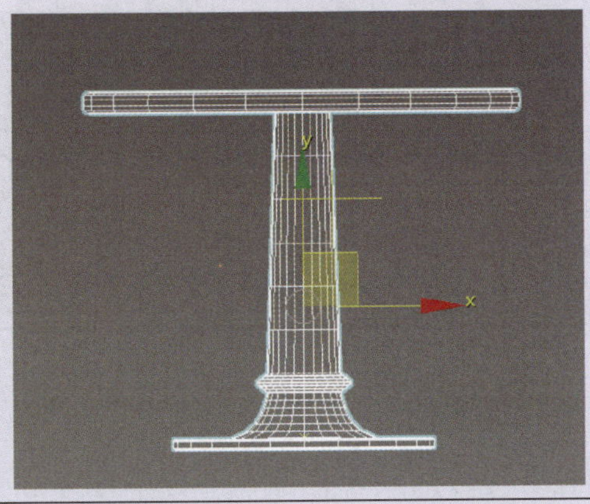</td></tr>
<tr><td rowspan="3">制作石凳模型</td><td>（1）在顶视图中，新建一个切角圆柱体，设其半径为 150 mm，高度为 300 mm，圆角为 20 mm，高度分段为 3，圆角分段为 3，边数为 24，对象名称为“Chamfercly002”</td></tr>
<tr><td>（2）在前视图中，新建一个圆柱体，设其半径为 90 mm，高度为 500 mm，对象名称为“Clyline001”</td></tr>
<tr><td>（3）复制对象“Clyline001”得到“Clyline002”，右击“旋转”按钮，设“偏移 – 屏幕”的 Y 轴为 90°，将对象“Clyline002”移动到对象“Chamfercly002”的中间位置。选中对象“Chamfercly002”，在右侧命令面板中执行“创建”→“几何体”→“复合对象”→“布尔”命令，添加运算对象，运算对象参数为差集，将布尔对象命名为“石凳”
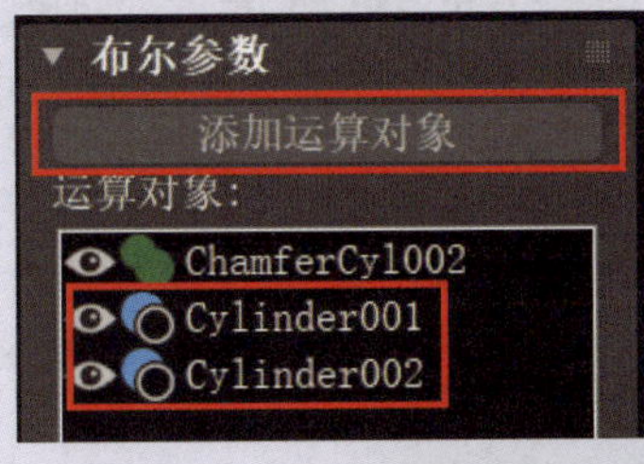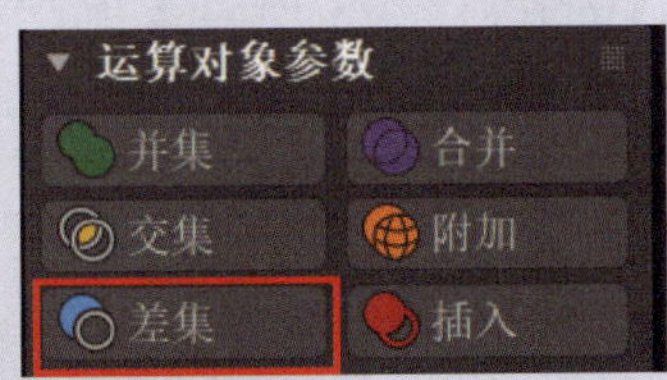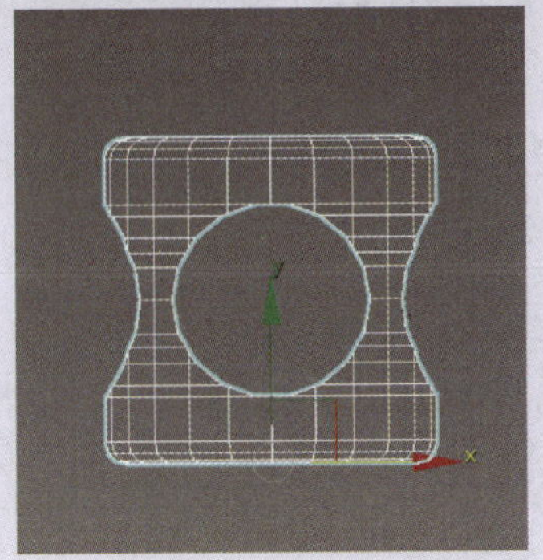</td></tr>
</table>

续表

操作步骤	操作要点
制作石凳模型	（4）选中对象“石凳”，复制一个石凳，选中全部模型，设置其颜色为 R：86、G：86、B：86 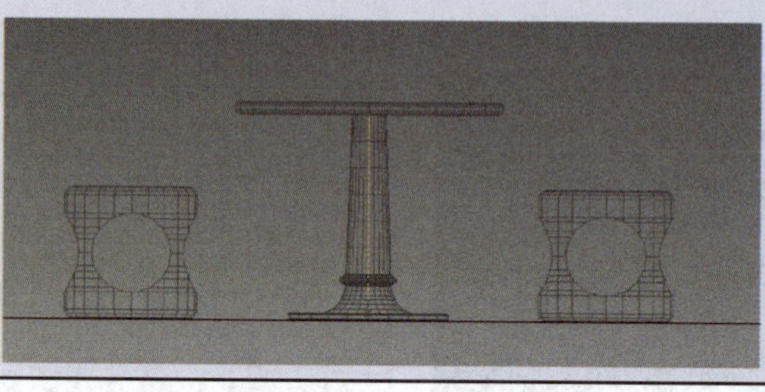

五、实训评价

实训任务完成后展示作品，并分享任务过程中的心得和体会，然后从学习过程、作品效果和作品展示等多方面进行实训评价，可采用学生自评、学生互评与教师评价相结合的多元评价方式，见表 2-3-3。

表 2-3-3　实训评价表

序号	评价项目	评价要求	分值/分	学生自评（占比30%）	学生互评（占比30%）	教师评价（占比40%）
1	自主复习	实训前能应用思维导图复习、总结学习过的内容	10			
2	制订计划	对实训任务的分析准确、到位、有明确可行的操作步骤	10			
3	任务实施及检查评估	1. 能完成石桌模型的创建（30 分） 2. 能完成石凳模型的创建（25 分） 3. 模型符合任务要求，保存正常（5 分）	60			
4	成果展示及学习心得交流	在成果展示与汇报时，能使用专业术语，表达准确、语言流畅、声音洪亮、普通话标准、仪态大方	10			
5	自主总结	能对实训后的收获进行梳理，总结收获与不足之处	5			
6	小组学习	能帮助小组内其他同学	5			

续表

序号	评价项目	评价要求	分值/分	学生自评（占比30%）	学生互评（占比30%）	教师评价（占比40%）
7	6S 规范	每发现 1 次不符合规范的操作扣 2 分；若违反安全操作规范，实训成绩计 0 分	—			
综合得分						

六、实训拓展

参考图 2-3-3，制作吊灯模型。

图 2-3-3　吊灯模型效果图

效果视频

七、知识巩固与提高

1.“放样”工具通常用于创建（　　）类型的模型。

A. 复杂曲线或路径　B. 样条线　　　　C. 实体　　　　　D. 平面

2. 以下关于使用“放样”工具进行路径放样操作的说法中，正确的是（　　）。

A. 首先需要创建一个路径曲线，然后选择“放样”工具中的“路径放样”选项，指定路径曲线、放样的截面形状和其他参数，最后单击“确定”按钮，即可生成路径放样模型

B. 首先需要创建一个截面图形，然后选择“放样”工具中的“路径放样”选项，指定路径曲线和其他参数，最后单击“确定”按钮，即可生成路径放样模型

C. 首先需要创建一个路径曲线，然后选择“放样”工具中的“截面放样”选项，

指定路径曲线、放样的截面形状和其他参数，最后单击“确定”按钮，即可生成路径放样模型

D. 首先需要创建一个截面图形，然后选择“放样”工具中的“截面放样”选项，指定截面形状和其他参数，最后单击“确定”按钮，即可生成路径放样模型

3. 3ds Max 中常见的“放样”工具不包括（　　）。

A. 放样器　　B. 变形控制器

C. 旋转放样　　D. 路径放样

4. 在（　　）上可以选择“布尔”运算。

A. 标准基本体　　B. 扩展基本体

C. 复合对象　　D. 实体对象

5. 在布尔运算的“运算对象参数”中，可以选择（　　）。

A. 并集　　B. 交集

C. 差集　　D. 以上选项都可以

项目三
渲染

实训任务 1　渲染卧室室外光效果

一、实训任务

灯光设置是三维设计的必备技能。本任务的内容就是制作一组卧室室外光渲染效果图，完成后的效果如图 3-1-1 所示。

图 3-1-1　卧室室外光渲染效果图

效果视频

二、任务分析

在本任务中，通过“VrayLight”灯光的创建，调整灯光的参数和位置，模拟现实中的室外光效果，照亮场景中的物体，并为渲染输出烘托气氛。

结合以上分析，可绘制出本任务的实施过程和技术要点的思维导图，如图 3-1-2 所示。参照思维导图，复习教材中相应的知识点和技能点。

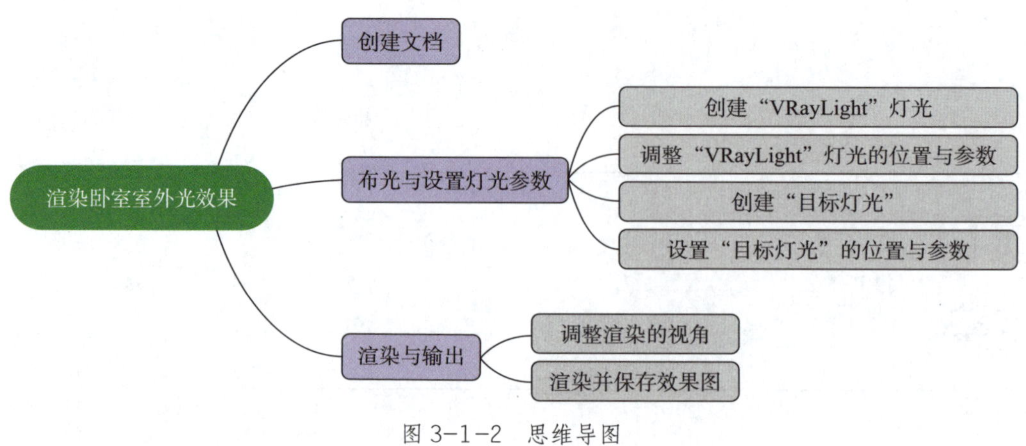

图 3-1-2　思维导图

三、制订计划

根据任务分析，制订完成本任务的实训计划，填入表 3-1-1 中。

表 3-1-1　实训计划

序号	工作内容	所需时间
1		
2		
3		
4		
5		
6		
7		
8		
9		
10		

四、操作步骤提示

参照表 3-1-2 所列的主要操作步骤和操作要点，制作卧室室外光渲染效果。

表 3-1-2　主要操作步骤和操作要点

<table>
<tr><th>操作步骤</th><th>操作要点</th></tr>
<tr><td>创建文档</td><td>打开素材文件夹中的“卧室 .max”文件，检查文件，将其单位设置为 mm，观察各视口物体模型关系</td></tr>
<tr><td rowspan="2">布光与设置灯光参数</td><td>（1）在顶视图中创建 1 盏“VRayLight”灯光，即灯光 1，在“常规”卷展栏中，设置其灯光长度为 2 100 mm，宽度为 1 450 mm，倍增器为 2，颜色为 R：245、G：245、B：180；在“选项”卷展栏中，勾选“投影阴影”和“不可见”复选框，适当调整灯光位置，作为从窗外射入的太阳光

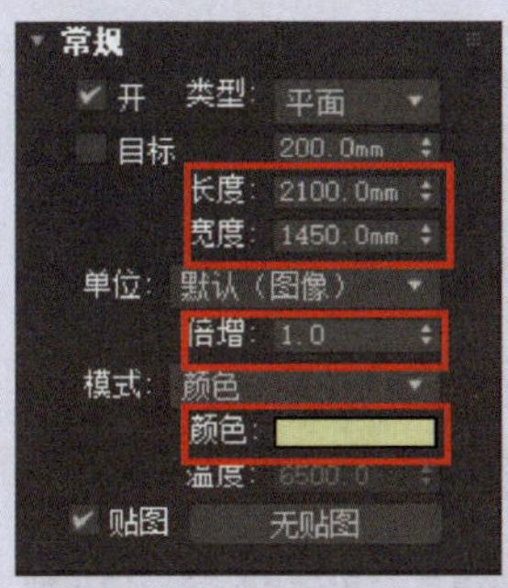

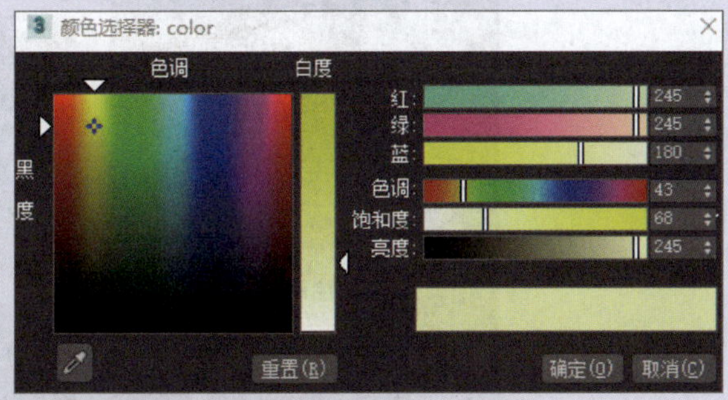

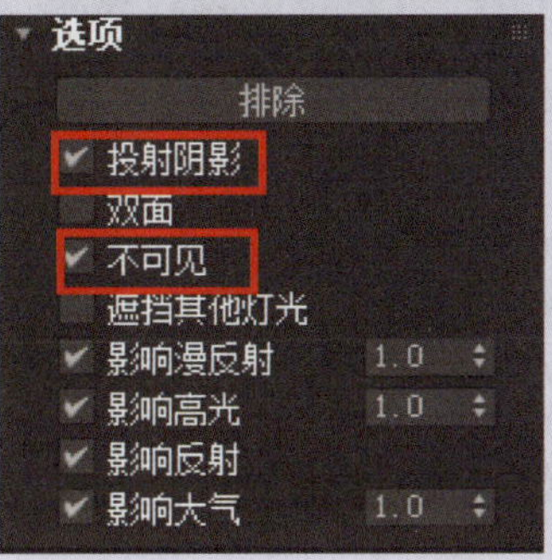
</td></tr>
<tr><td>（2）在前视图中创建 1 盏“VRayLight”灯光，即灯光 2，在“常规”卷展栏中，设置其类型为球体，半径为 70 mm，倍增器为 15，模式为温度，温度为 3 500；在“选项”卷展栏中，勾选“投影阴影”和“不可见”复选框，调整其位置到台灯灯罩内，作为台灯光源</td></tr>
</table>

续表

操作步骤	操作要点
布光与设置灯光参数	（3）在左视图中创建一盏“目标灯光”作为室内顶部光源，展开“常规参数”卷展栏中的“灯光分布（类型）”下拉列表，选择“光度学 Web”，然后加载素材文件夹中的“001.ies”文件，参数设置如下图所示 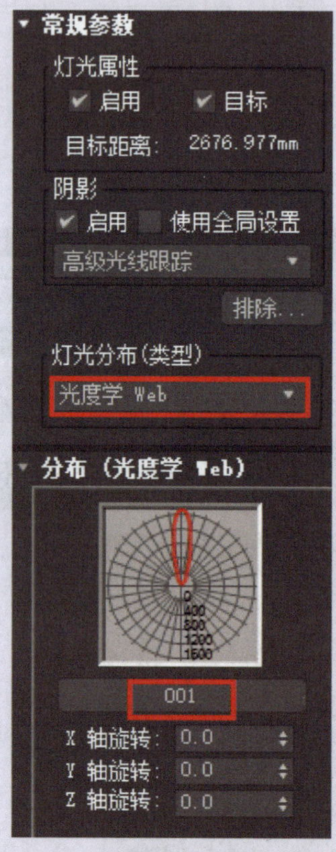 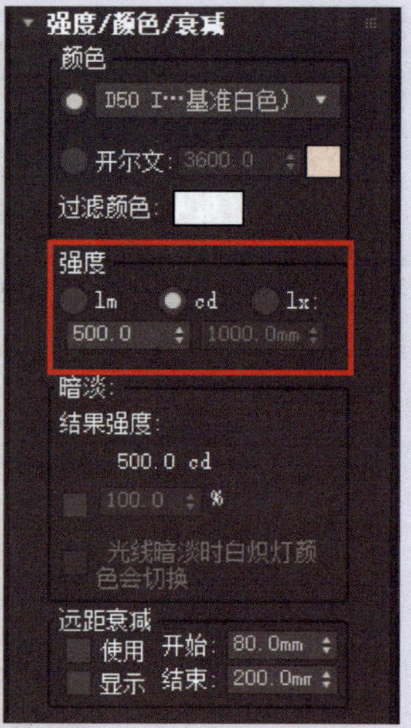
渲染与输出	调整渲染的视角，按“F9”键测试渲染摄影机视图，单击渲染窗口上的“保存”按钮，将图片保存为jpg格式

五、实训评价

实训任务完成后展示作品，并分享任务过程中的心得和体会，然后从学习过程、作品效果和作品展示等多方面进行实训评价，可采用学生自评、学生互评与教师评价相结合的多元评价方式，见表3–1–3。

表 3-1-3　实训评价表

序号	评价项目	评价要求	分值/分	学生自评（占比30%）	学生互评（占比30%）	教师评价（占比40%）
1	自主复习	实训前能应用思维导图复习、总结学习过的内容	10			
2	制订计划	对实训任务的分析准确、到位、有明确可行的操作步骤	10			
3	任务实施及检查评估	1. 能合理布光（10 分） 2. 能合理设置灯光的参数（40 分） 3. 能渲染输出合适角度的效果图（5 分） 4. 效果图能正常保存（5 分）	60			
4	成果展示及学习心得交流	在成果展示与汇报时，能使用专业术语，表达准确、语言流畅、声音洪亮、普通话标准、仪态大方	10			
5	自主总结	能对实训后的收获进行梳理，总结收获与不足之处	5			
6	小组学习	能帮助小组内其他同学	5			
7	6S 规范	每发现 1 次不符合规范的操作扣 2 分；若违反安全操作规范，实训成绩计 0 分	—			
综合得分						

六、实训拓展

参考图 3-1-3，为展厅添加灯光。

图 3-1-3　展厅灯光渲染效果图

效果视频

七、知识巩固与提高

1. 标准灯光有（　　）种类型。

A. 4　　B. 6　　C. 8　　D. 10

2.（　　）有目标控制点。

A. 目标灯光　　B. 自由灯光　　C. 泛光　　D. 天光

3. 渲染场景中的视口包括（　　）。

A. 顶视图　　B. 前视图　　C. 透视图　　D. 以上选项都正确

4. 进入渲染设置，可以使用的快捷键是（　　）。

A. F8　　B. F9　　C. F10　　D. F11

5. 在渲染设置中，可以设置（　　）。

A. 渲染器　　B. 输出单帧　　C. 输出指定帧　　D. 以上选项都正确

实训任务 2　渲染餐厅桌面材质

一、实训任务

材质渲染在各种设计场景中都可能遇到。本任务的内容就是对餐厅场景中常见对象的材质进行分析，根据对象本身的特点，设置不同的参数并赋给对应的材质，渲染后的效果如图 3-2-1 所示。

图 3-2-1　餐厅桌面材质渲染效果图

效果视频

二、任务分析

在本任务中，通过添加材质球，调整材质球的颜色、质地、纹理、透明度和光泽等特性，模拟现实中各种物体的外观。

结合以上分析，可绘制出本任务的实施过程和技术要点的思维导图，如图 3-2-2 所示。参照思维导图，复习教材中相应的知识点和技能点。

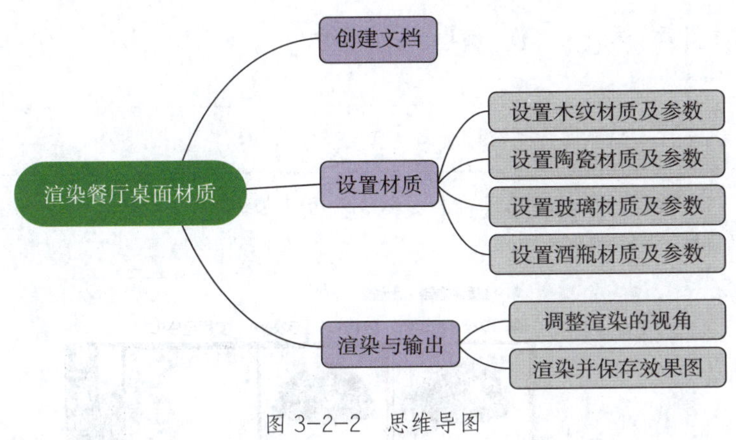

图 3-2-2　思维导图

三、制订计划

根据任务分析，制订完成本任务的实训计划，填入表 3-2-1 中。

表 3-2-1　实训计划

序号	工作内容	所需时间
1		
2		
3		
4		
5		
6		
7		
8		
9		
10		

四、操作步骤提示

参照表 3–2–2 所列的主要操作步骤和操作要点，完成餐厅桌面材质的渲染。

表 3–2–2　主要操作步骤和操作要点

操作步骤		操作要点
创建文档		打开素材文件夹中的“餐厅 .max”文件
设置材质	设置木纹材质及参数	（1）按“M”键打开“材质编辑器”
		（2）选择一个材质球，将其名称修改为“木纹”，在“材质 / 贴图浏览器”对话框中选择“VRayMtl”材质 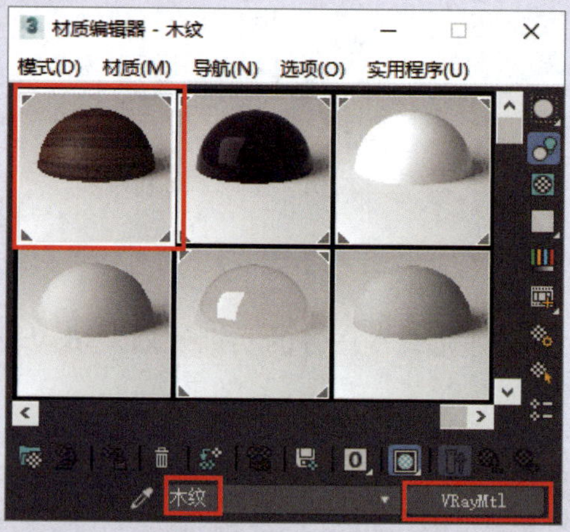
		（3）单击“漫反射”后的“拾取贴图”按钮，在弹出的“材质 / 贴图浏览器”对话框中选择“通用 – 位图”，在选择位图图像文件窗口中选择素材文件“木纹” 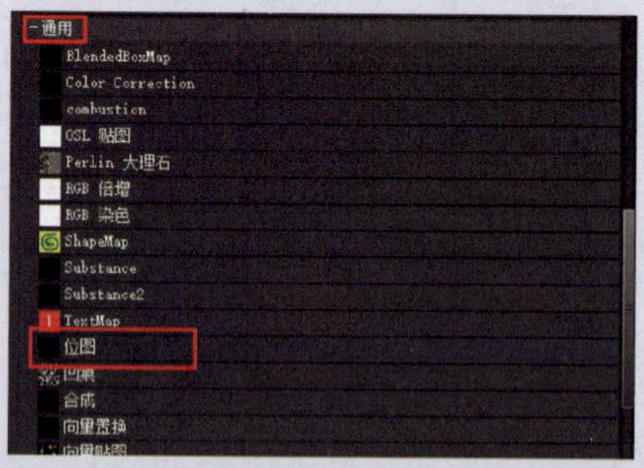
		（4）单击“转到父对象”按钮，勾选“凹凸贴图”复选框，将参数设置为 4，然后单击该项目后面的“拾取贴图”按钮，在弹出的“材质 / 贴图浏览器”对话框中选择“通用 – 位图”，在选择位图图像文件窗口中选择素材文件“木纹凹凸”

续表

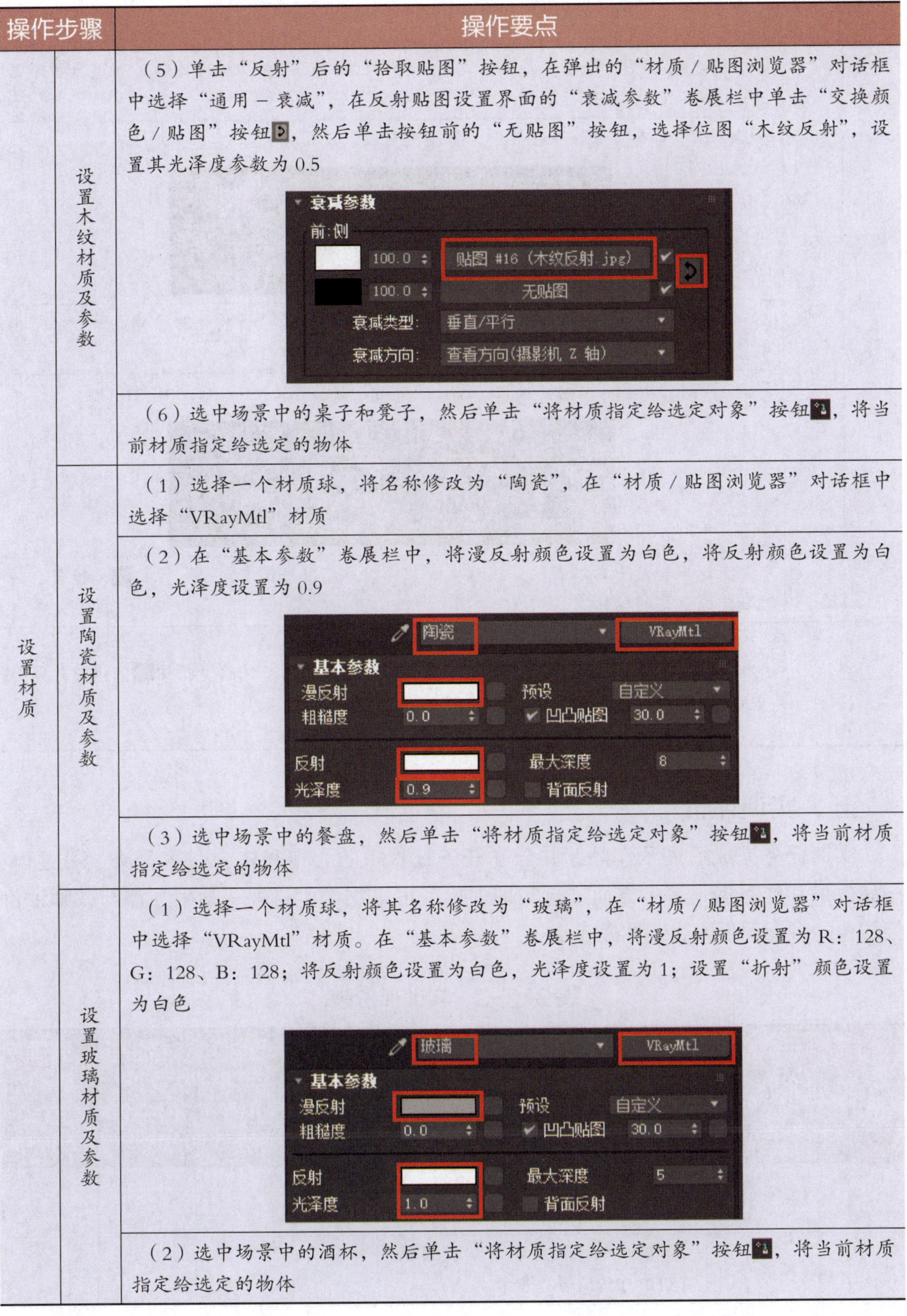

<table>
<tr><th colspan="2">操作步骤</th><th>操作要点</th></tr>
<tr><td rowspan="7">设置材质</td><td rowspan="2">设置木纹材质及参数</td><td>（5）单击“反射”后的“拾取贴图”按钮，在弹出的“材质 / 贴图浏览器”对话框中选择“通用 – 衰减”，在反射贴图设置界面的“衰减参数”卷展栏中单击“交换颜色 / 贴图”按钮，然后单击按钮前的“无贴图”按钮，选择位图“木纹反射”，设置其光泽度参数为 0.5</td></tr>
<tr><td>（6）选中场景中的桌子和凳子，然后单击“将材质指定给选定对象”按钮，将当前材质指定给选定的物体</td></tr>
<tr><td rowspan="3">设置陶瓷材质及参数</td><td>（1）选择一个材质球，将名称修改为“陶瓷”，在“材质 / 贴图浏览器”对话框中选择“VRayMtl”材质</td></tr>
<tr><td>（2）在“基本参数”卷展栏中，将漫反射颜色设置为白色，将反射颜色设置为白色，光泽度设置为 0.9</td></tr>
<tr><td>（3）选中场景中的餐盘，然后单击“将材质指定给选定对象”按钮，将当前材质指定给选定的物体</td></tr>
<tr><td rowspan="2">设置玻璃材质及参数</td><td>（1）选择一个材质球，将其名称修改为“玻璃”，在“材质 / 贴图浏览器”对话框中选择“VRayMtl”材质。在“基本参数”卷展栏中，将漫反射颜色设置为 R：128、G：128、B：128；将反射颜色设置为白色，光泽度设置为 1；设置“折射”颜色设置为白色</td></tr>
<tr><td>（2）选中场景中的酒杯，然后单击“将材质指定给选定对象”按钮，将当前材质指定给选定的物体</td></tr>
</table>

续表

操作步骤		操作要点
设置材质	设置酒瓶材质及参数	（1）选择一个材质球，将其名称修改为“红酒瓶”，在“材质 / 贴图浏览器”对话框中选择“VRayMtl”材质
		（2）在“基本参数”卷展栏中，将漫反射颜色设置为R：5、G：0、B：3
		（3）单击“反射”后的“拾取贴图”按钮，在弹出的“材质 / 贴图浏览器”对话框中选择“通用 – 衰减”，参数保持不变
		（4）单击“转到父对象”按钮，设置“折射”颜色为R：10、G：10、B：10
		（5）选中场景中的红酒瓶，然后单击“将材质指定给选定对象”按钮，将当前材质指定给选定的物体
渲染与输出		按“F9”键测试渲染摄像机视图，单击渲染窗口上的“保存”按钮，将图片保存为jpg格式

五、实训评价

实训任务完成后展示作品，并分享任务过程中的心得和体会，然后从学习过程、作品效果和作品展示等多方面进行实训评价，可采用学生自评、学生互评与教师评价相结合的多元评价方式，见表3-2-3。

表3-2-3　实训评价表

序号	评价项目	评价要求	分值/分	学生自评（占比30%）	学生互评（占比30%）	教师评价（占比40%）
1	自主复习	实训前能应用思维导图复习、总结学习过的内容	10			
2	制订计划	对实训任务的分析准确、到位、有明确可行的操作步骤	10			

续表

序号	评价项目	评价要求	分值 / 分	学生自评（占比30%）	学生互评（占比30%）	教师评价（占比40%）
3	任务实施及检查评估	1. 能设置木纹材质（15 分） 2. 能设置陶瓷材质（10 分） 3. 能设置玻璃材质（10 分） 4. 能设置酒瓶材质（15 分） 5. 能渲染输出合适角度的效果图（10 分）	60			
4	成果展示及学习心得交流	在成果展示与汇报时，能使用专业术语，表达准确、语言流畅、声音洪亮、普通话标准、仪态大方	10			
5	自主总结	能对实训后的收获进行梳理，总结收获与不足之处	5			
6	小组学习	能帮助小组内其他同学	5			
7	6S 规范	每发现 1 次不符合规范的操作扣 2 分；若违反安全操作规范，实训成绩计 0 分	—			
综合得分						

六、实训拓展

参考图 3-2-3，设置不同的材质，对汽车材质进行渲染。

图 3-2-3 汽车材质渲染效果图

效果视频

七、知识巩固与提高

1. 要打开“材质编辑器”可以按（　　）键。

A. H　　B. G　　C. M　　D. N

2. 要将设置好的材质球赋给指定对象可以单击（　　）按钮。

A. [图标]　　B. [图标]　　C. [图标]　　D. [图标]

3.（　　）选项中自带一部分已设置好的材质。

A. 预设　　B. 材质模式　　C. 物理材质　　D. 基本参数

4. 要表现物体的颜色、质地、纹理等特性可以为模型添加（　　）。

A. 灯光　　B. 材质　　C. 动画　　D. 布尔运算

5. 要测试渲染摄像机视图可以按（　　）键。

A. F6　　B. F7　　C. F8　　D. F9

项目四
基础动画

实训任务 1　制作蜡烛燃烧动画

一、实训任务

蜡烛在燃烧过程中，会慢慢熔化，这一过程是动画中常见的效果。本任务的内容就是制作一个蜡烛燃烧的动画，来模拟整个熔化过程，完成后的效果如图 4–1–1 所示。

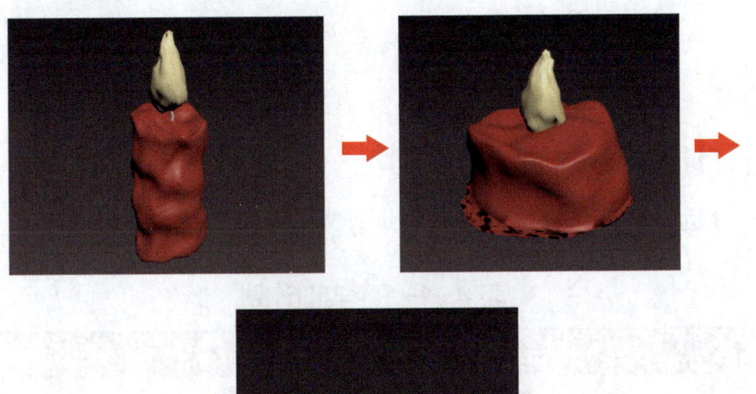

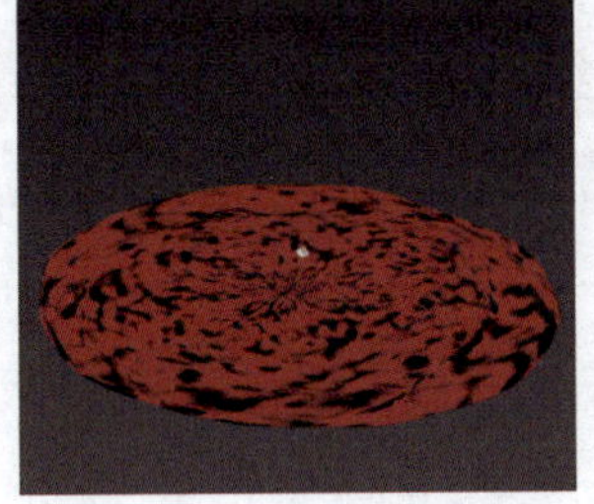

图 4–1–1　蜡烛燃烧动画效果图

效果视频

二、任务分析

在本任务中，绘制“球体”“圆柱体”，并通过加载“涡轮平滑”修改器、“噪波”修改器、“FFD”修改器、“融化”修改器，完成蜡烛燃烧的动画效果。

结合以上分析，可绘制出本任务的实施过程和技术要点的思维导图，如图 4-1-2 所示。参照思维导图，复习教材中相应的知识点和技能点。

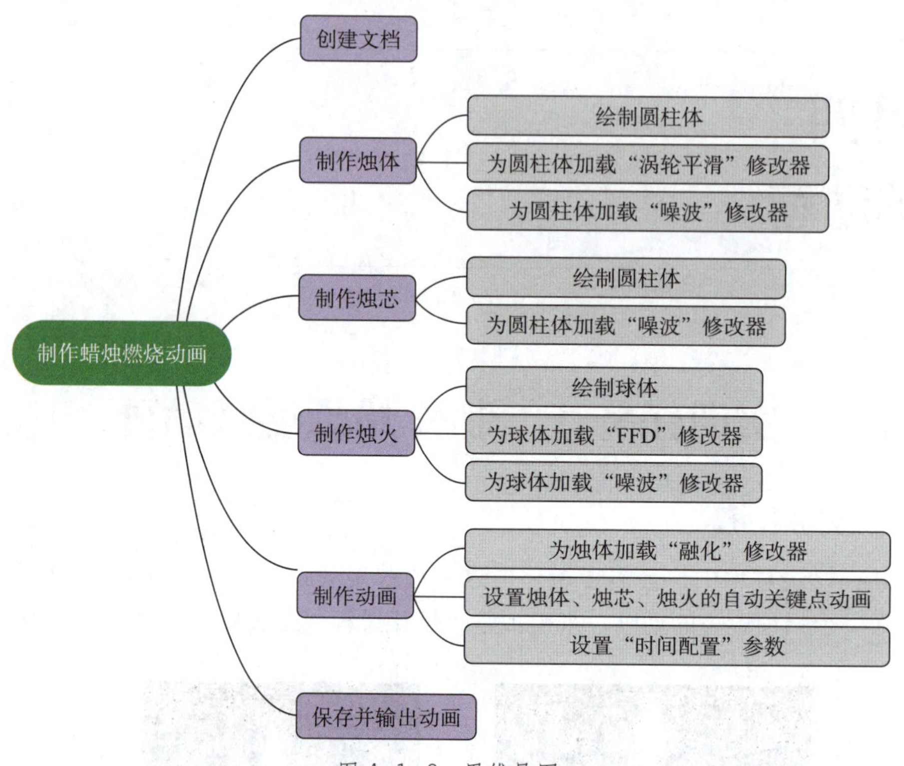

图 4-1-2　思维导图

三、制订计划

根据任务分析，制订完成本任务的实训计划，填入表 4-1-1 中。

表 4-1-1　实训计划

序号	工作内容	所需时间
1		
2		
3		
4		
5		
6		
7		
8		
9		
10		

四、操作步骤提示

参照表 4-1-2 所列的主要操作步骤和操作要点，完成蜡烛燃烧动画的制作。

表 4-1-2　主要操作步骤和操作要点

操作步骤	操作要点
制作烛体	（1）在顶视图中绘制一个圆柱体，设置其半径为 25 mm，高度为 90 mm，高度分段为 10，端面分段为 10，边数为 40，设置对象的颜色为红色，将对象重命名为“烛体” （2）选中“烛体”，为其加载“涡轮平滑”修改器，参数使用默认值 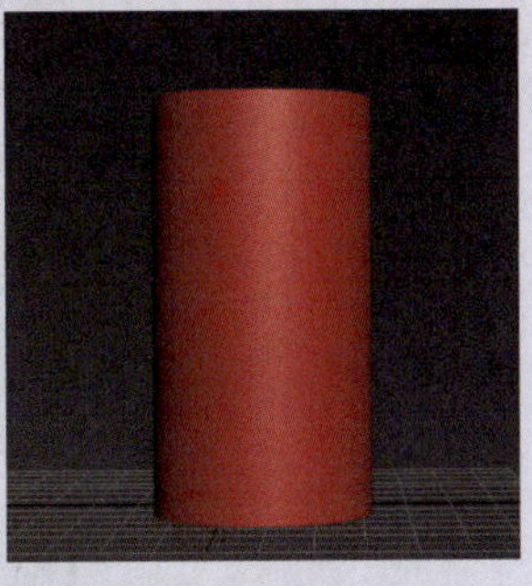
	（3）继续为“烛体”加载“噪波”修改器，在“参数”卷展栏中，勾选“分形”复选框，设置其粗糙度为 0.5，迭代次数为 4；设置强度值 *X* 为 10，*Y* 为 18，*Z* 为 20；勾选“动画噪波”复选框，设置频率为 0.03，参数设置和最终效果如下图所示 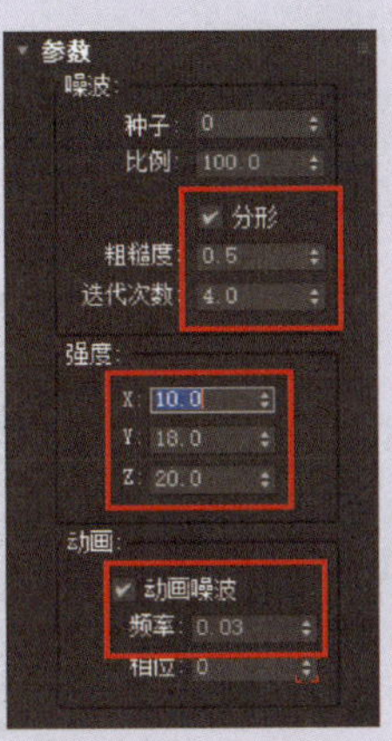 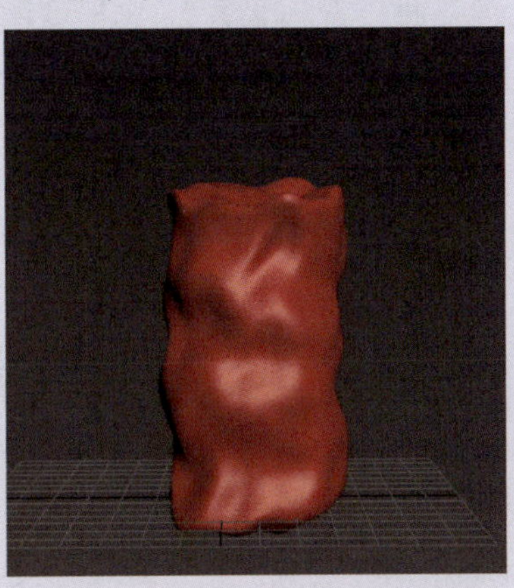
制作烛芯	（1）在顶视图中绘制一个圆柱体，设置其半径为 1 mm，高度为 110 mm，高度分段为 25，端面分段为 10，边数为 40，设置对象的颜色为白色，将对象重命名为“烛芯”，利用“选择并移动”工具在顶视图、前视图、左视图中调整“烛芯”的位置，使烛芯位于烛体中心处 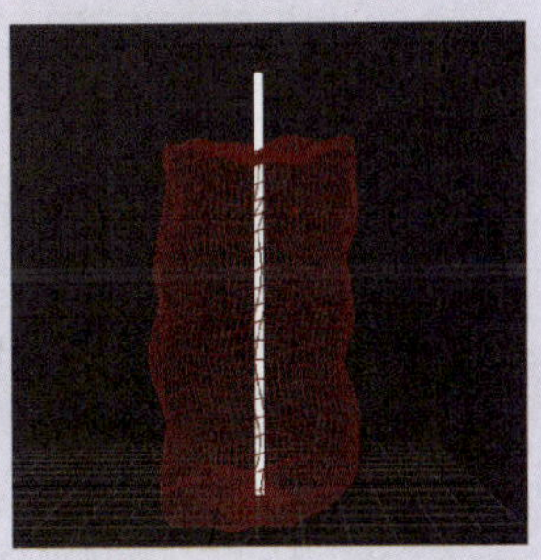

续表

<table>
<tr><th>操作步骤</th><th>操作要点</th></tr>
<tr><td>制作烛芯</td><td>（2）为“烛芯”加载“噪波”修改器，勾选“分形”复选框，设置其粗糙度为 0.5，迭代次数为 6；设置强度值 X 为 10，Y 为 10，Z 为 10，参数设置和最终效果如下图所示
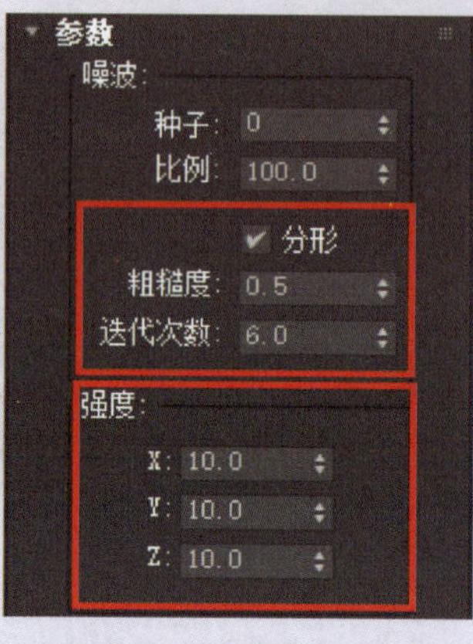

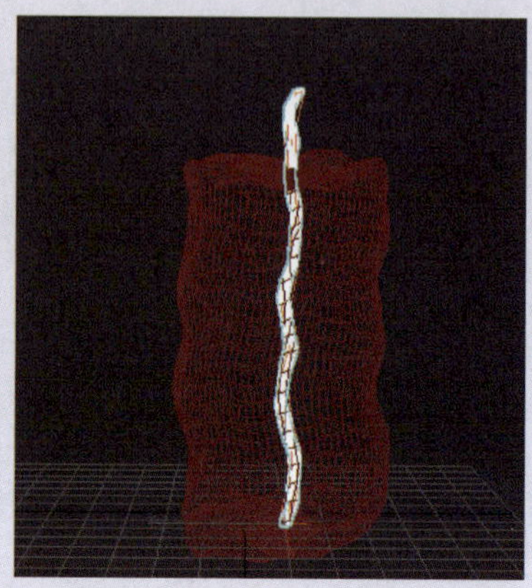</td></tr>
<tr><td rowspan="3">制作烛火</td><td>（1）在顶视图中绘制一个球体，设置其半径为 10 mm，分段为 32，设置对象的颜色为黄色，将对象重命名为“烛火”，调整“烛火”的位置，使烛火位于烛体中心处</td></tr>
<tr><td>（2）选中“烛火”对象，为其加载“FFD 3×3×3”修改器，在前视图中，选中控制点，使用“选择并移动”工具和“移动并缩放”工具调整烛火，得到右图所示外形，其他参数使用默认值
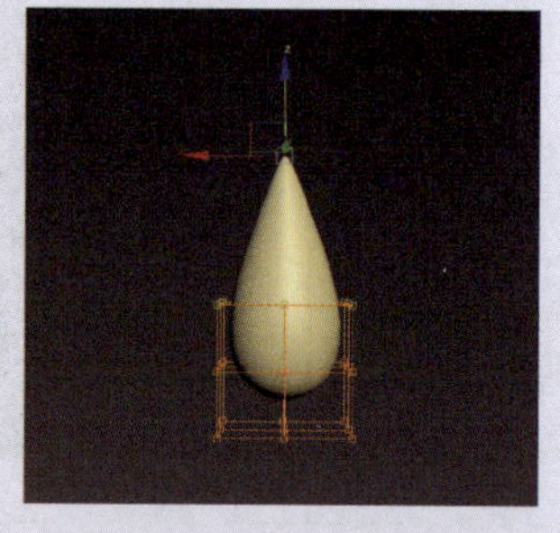</td></tr>
<tr><td>（3）继续为“烛火”加载“噪波”修改器，勾选“分形”复选框，设置其粗糙度为 0.6，迭代次数为 8；设置强度值 X 为 6，Y 为 6，Z 为 10；勾选“动画噪波”复选框，设置频率为 0.1
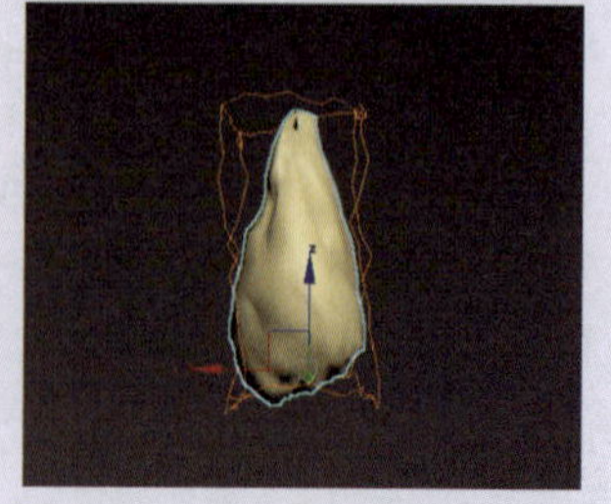</td></tr>
</table>

续表

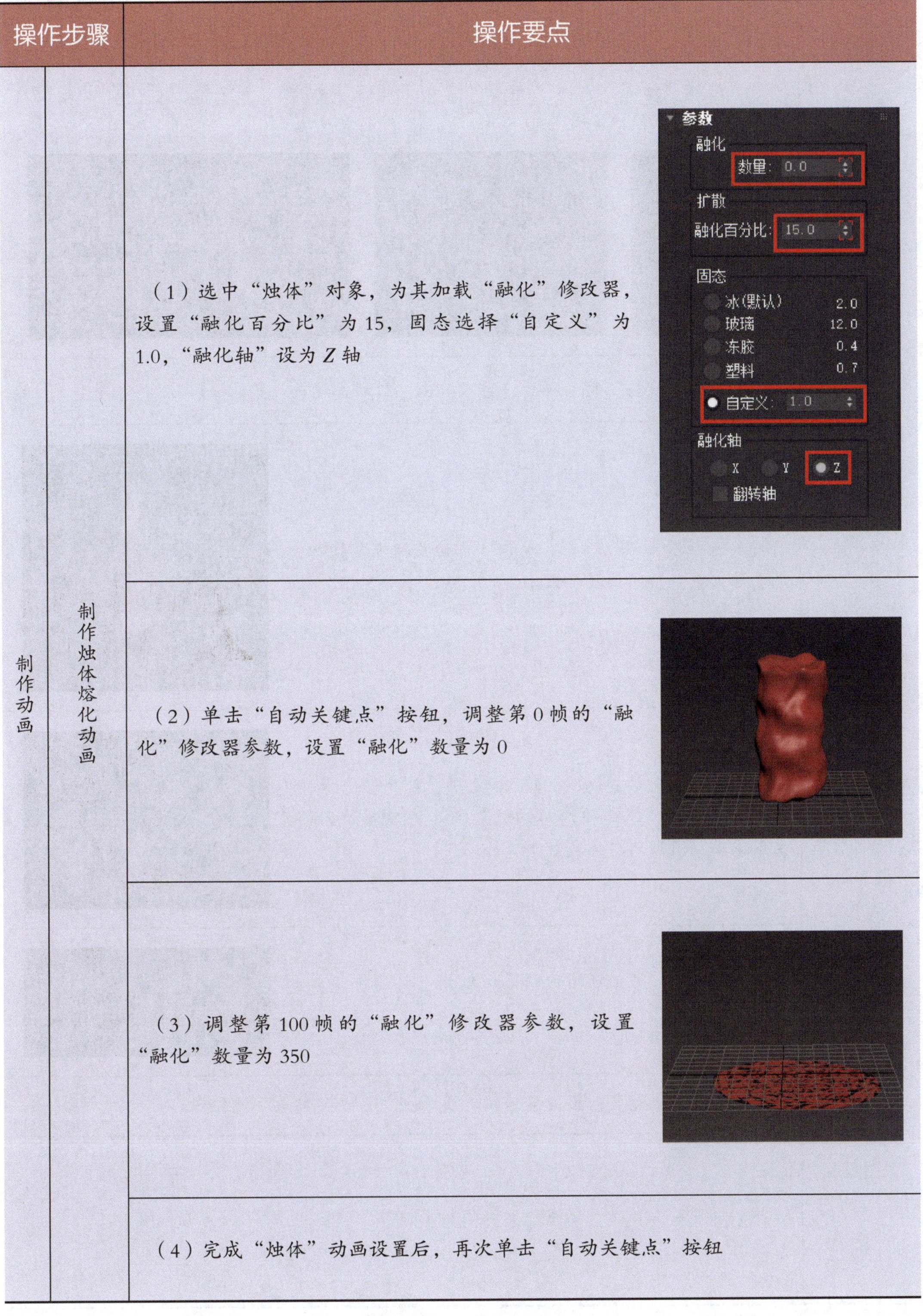

操作步骤		操作要点
制作动画	制作烛体熔化动画	（1）选中“烛体”对象，为其加载“融化”修改器，设置“融化百分比”为 15，固态选择“自定义”为 1.0，“融化轴”设为 Z 轴
		（2）单击“自动关键点”按钮，调整第 0 帧的“融化”修改器参数，设置“融化”数量为 0
		（3）调整第 100 帧的“融化”修改器参数，设置“融化”数量为 350
		（4）完成“烛体”动画设置后，再次单击“自动关键点”按钮

续表

操作步骤		操作要点
制作动画	制作烛芯的动画	（1）选中“烛芯”对象，单击“自动关键点”按钮，调整烛芯第 0 帧的高度为 110 mm，第 60 帧的高度为 10 mm，第 100 帧的高度为 0 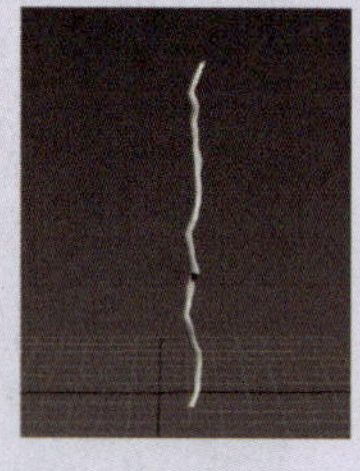 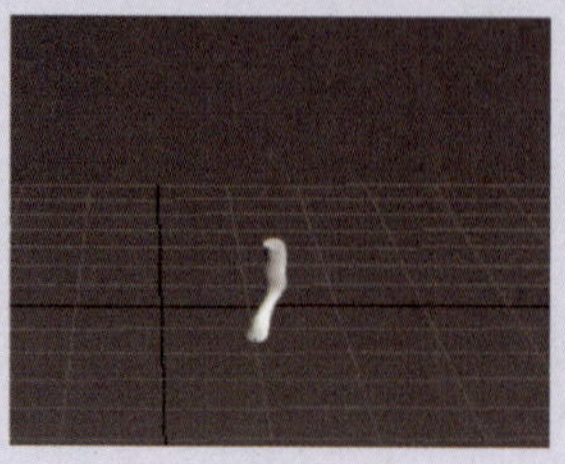 
		（2）完成“烛芯”的动画后，再次单击“自动关键点”按钮
	制作烛火的动画	（1）选中“烛火”对象，单击“自动关键点”按钮，调整烛火第 0 帧的位置和大小 
		（2）调整烛火第 60 帧的位置和大小，使用“选择并移动”工具和“选择并均匀缩放”工具将烛火沿 Z 轴向下移动，同时均匀缩放烛火大小 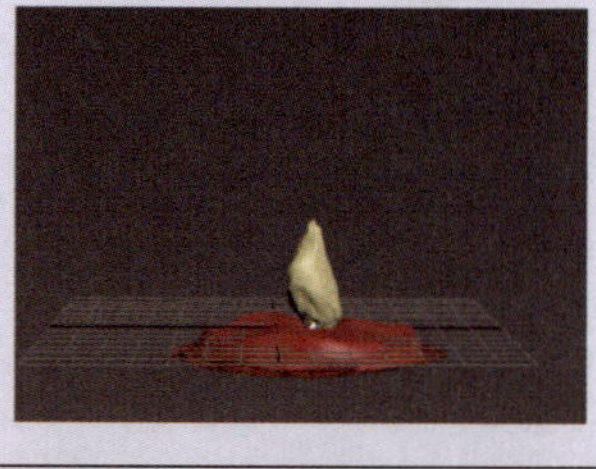
		（3）调整烛火第 100 帧的位置和大小 
		（4）完成“烛火”动画设置后，再次单击“自动关键点”按钮
	设置“时间配置”参数	设置帧速率为 PAL，动画结束时间为 100

五、实训评价

实训任务完成后展示作品，并分享任务过程中的心得和体会，然后从学习过程、作品效果和作品展示等多方面进行实训评价，可采用学生自评、学生互评与教师评价相结合的多元评价方式，见表 4-1-3。

表 4-1-3　实训评价表

序号	评价项目	评价要求	分值/分	学生自评（占比30%）	学生互评（占比30%）	教师评价（占比40%）
1	自主复习	实训前能应用思维导图复习、总结学习过的内容	10			
2	制订计划	对实训任务的分析准确、到位、有明确可行的操作步骤	10			
3	任务实施及检查评估	1. 能完成烛体的制作（15 分） 2. 能完成烛芯与烛火的制作（15 分） 3. 能制作出蜡烛燃烧动画效果（25 分） 4. 动画预览流畅自然（5 分）	60			
4	成果展示及学习心得交流	在成果展示与汇报时，能使用专业术语，表达准确、语言流畅、声音洪亮、普通话标准、仪态大方	10			
5	自主总结	能对实训后的收获进行梳理，总结收获与不足之处	5			
6	小组学习	能帮助小组内其他同学	5			
7	6S 规范	每发现 1 次不符合规范的操作扣 2 分；若违反安全操作规范，实训成绩计 0 分	—			
综合得分						

六、实训拓展

参考图 4-1-3，制作泡沫消融动画。

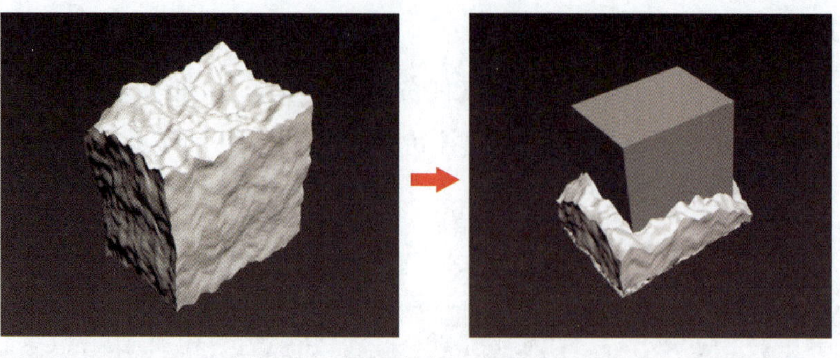

图 4-1-3 泡沫消融动画效果图

效果视频

七、知识巩固与提高

1. 在“可编辑多边形”修改器中，需要将两个顶点合成一个顶点，可以选择（ ）选项。

A. 断开 B. 焊接 C. 切角 D. 移除

2. 修改器堆栈位于视口的（ ）。

A. 上方 B. 下方 C. 左侧 D. 右侧

3. 为对象加载修改器后，以下说法中错误的是（ ）。

A. 可以删除修改器 B. 可以调整修改器的顺序

C. 不能隐藏修改器 D. 可以为修改器重新命名

4. 为球体加载“（ ）”修改器并调整参数可以得到鸡蛋模型。

A. FFD B. 融化 C. 噪波 D. 涡轮平滑

5. 在“融化”修改器中，固态参数有（ ）。

A. 冰 B. 玻璃 C. 塑料 D. 以上选项都有

实训任务 2 制作画卷展开动画

一、实训任务

画卷展开特效在动画中应用广泛，本任务的内容就是完成如图 4-2-1 所示的画卷展开动画效果。

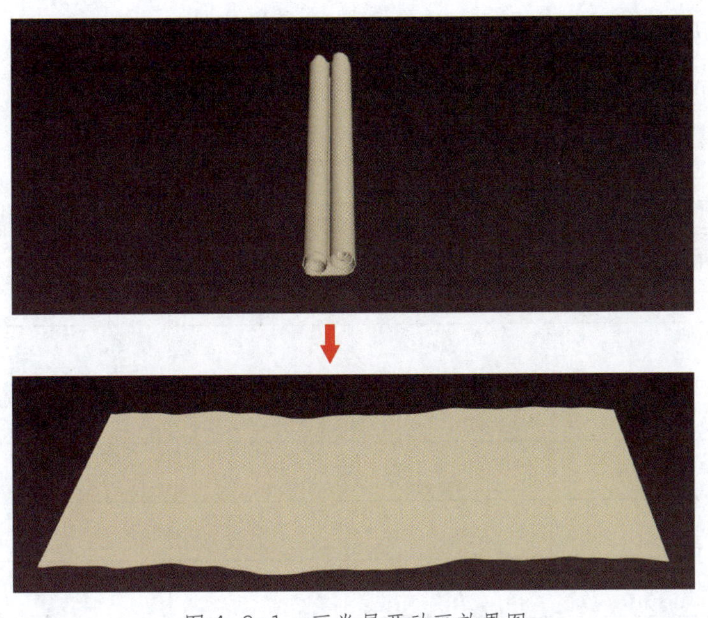

图 4-2-1　画卷展开动画效果图

效果视频

二、任务分析

在本任务中，通过为对象加载“噪波”“弯曲”“壳”修改器，并设置“弯曲”修改器的子集参数，完成画卷展开的动画效果。

结合以上分析，可绘制出本任务的实施过程和技术要点的思维导图，如图 4-2-2 所示。参照思维导图，复习教材中相应的知识点和技能点。

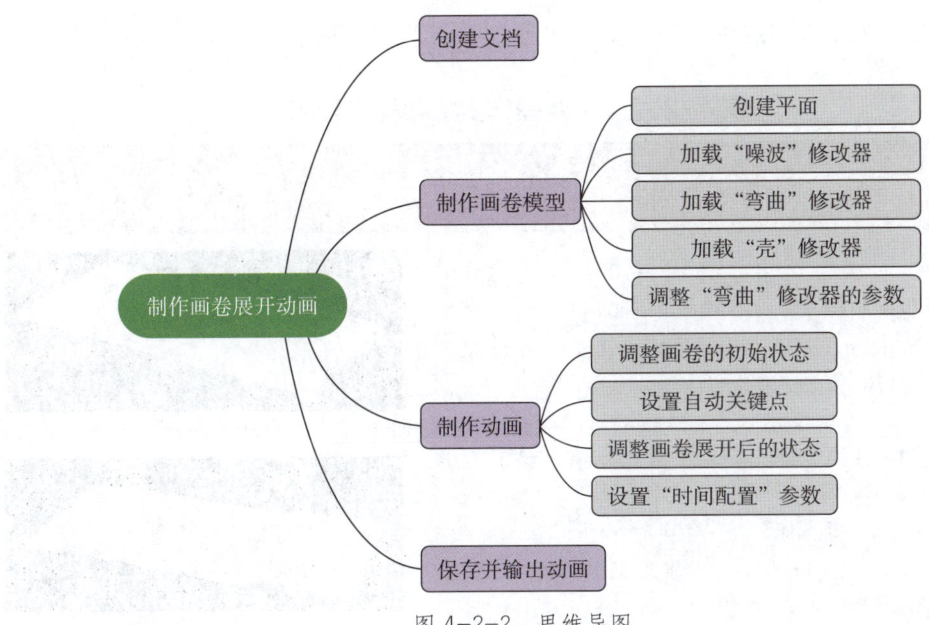

图 4-2-2　思维导图

三、制订计划

根据任务分析，制订完成本任务的实训计划，填入表 4-2-1 中。

表 4-2-1 实训计划

序号	工作内容	所需时间
1		
2		
3		
4		
5		
6		
7		
8		
9		
10		

四、操作步骤提示

参照表 4-2-2 所列的主要操作步骤和操作要点，完成画卷展开动画的制作。

表 4-2-2 主要操作步骤和操作要点

操作步骤	操作要点
制作画卷	（1）在顶视图中绘制一个平面，在“参数”卷展栏中，设置长度为 1 000 mm，宽度为 2 000 mm，宽度分段为 120，设置颜色为淡黄色，将对象重命名为“画卷”
	（2）为“画卷”加载“噪波”修改器，选中“画卷”对象，在右侧面板中单击“修改”按钮，在“修改器列表”中选择“噪波”，在“参数”卷展栏中，勾选“分形”复选框，设置 Y 方向强度值为 500 mm

续表

操作步骤	操作要点
制作画卷	（3）为“画卷”加载“弯曲”修改器，选中“画卷”对象，在右侧面板中单击“修改”按钮，在“修改器列表”中选择“弯曲”，在“参数”卷展栏中，设置弯曲角度为 −2 000，弯曲轴为 *X*，勾选“限制效果”复选框，设置上限为 1 000 mm 
	（4）继续为“画卷”加载“弯曲”修改器，选中“画卷”对象，重复步骤（3），设置下限为 −1 000 mm 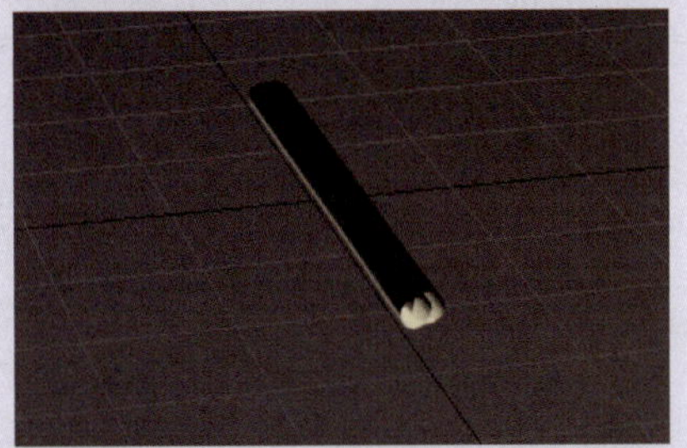
	（5）为“画卷”加载“壳”修改器，在“参数”卷展栏中，设置外部量为 2 mm 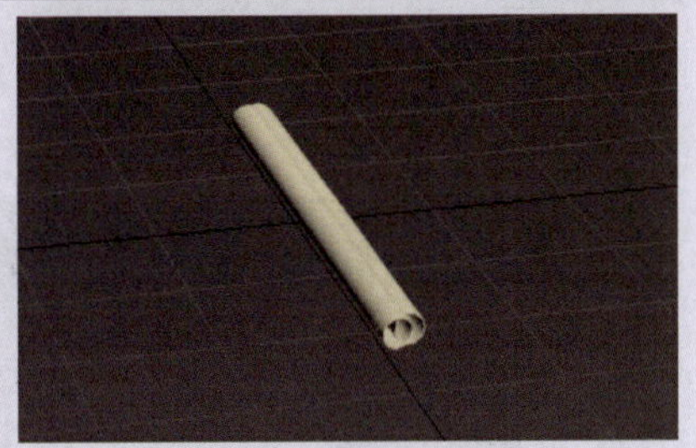
	（6）调整步骤（3）中“弯曲”修改器的参数，选择“弯曲”修改器的“中心”子集，拖动“画卷”对象沿 *X* 方向向右移动一定距离 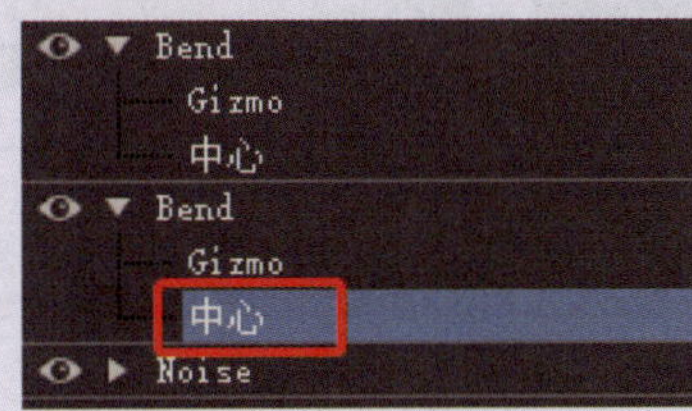 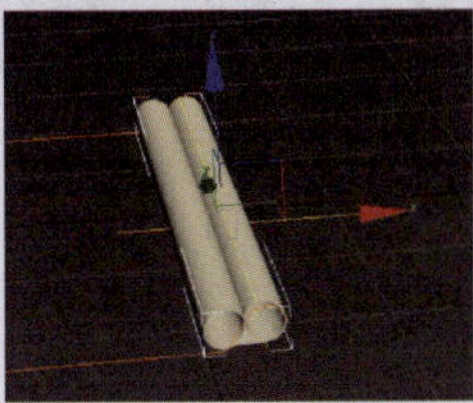 选择“Gizmo”子集，在透视图中，利用“选择并旋转”工具，将“画卷”对象沿 *X* 方向旋转一定角度 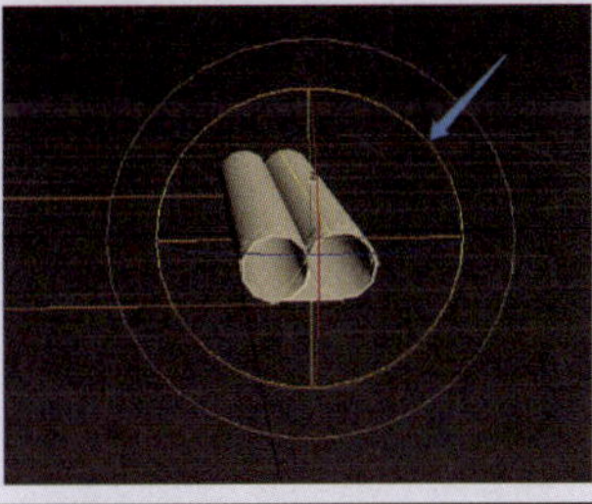 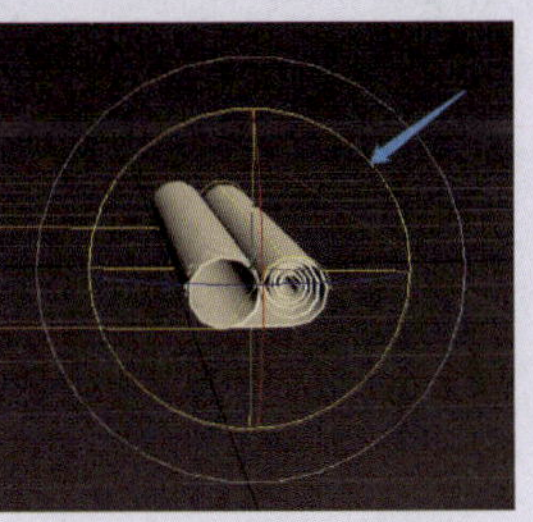

续表

操作步骤	操作要点
制作画卷	（7）重复步骤（6），调整步骤（4）中“弯曲”修改器的参数
制作动画	（1）调整第 0 帧位置。选择“弯曲”修改器的“中心”子集，利用“选择并移动”工具调整画卷的初始位置，使画卷折叠
	（2）调整第 85 帧位置。选择“弯曲”修改器的“中心”子集，利用“选择并移动”工具调整画卷的位置
	（3）设置“时间配置”参数。设置帧速率为 PAL，动画结束时间为 120

五、实训评价

实训任务完成后展示作品，并分享任务过程中的心得和体会，然后从学习过程、作品效果和作品展示等多方面进行实训评价，可采用学生自评、学生互评与教师评价相结合的多元评价方式，见表 4–2–3。

表 4-2-3 实训评价表

序号	评价项目	评价要求	分值 / 分	学生自评（占比 30%）	学生互评（占比 30%）	教师评价（占比 40%）
1	自主复习	实训前能应用思维导图复习、总结学习过的内容	10			
2	制订计划	对实训任务的分析准确、到位、有明确可行的操作步骤	10			
3	任务实施及检查评估	1. 能制作画卷（25 分） 2. 能制作画卷展开动画（25 分） 3. 动画预览流畅自然（10 分）	60			
4	成果展示及学习心得交流	在成果展示与汇报时，能使用专业术语，表达准确、语言流畅、声音洪亮、普通话标准、仪态大方	10			
5	自主总结	能对实训后的收获进行梳理，总结收获与不足之处	5			
6	小组学习	能帮助小组内其他同学	5			
7	6S 规范	每发现 1 次不符合规范的操作扣 2 分；若违反安全操作规范，实训成绩计 0 分	—			
综合得分						

六、实训拓展

参考图 4-2-3，制作花朵盛开动画。

图 4-2-3 花朵盛开动画效果图

效果视频

七、知识巩固与提高

1. 以下关于修改器的说法中，正确的是（　　）。

A.“弯曲”修改器的参数变化不可以形成动画

B. 放样的作用是由二维图形生成三维物体

C. NURBS 建模又称多边形建模

D.“噪波”修改器只能用于平面

2. 能够实现弯曲物体的编辑修改器是（　　）。

A. Bend　　B. Noise　　C. Twist　　D. Taper

3.“噪波”修改器的作用是（　　）。

A. 对尖锐不规则的表面进行平滑处理

B. 用来修改此物体集合

C. 用来减少物体的顶点数和面数

D. 使物体变得起伏而不规则

4.“壳”修改器的作用是（　　）。

A. 应用于二维线条的挤出厚度

B. 将物体表面向外或向内拉伸一定厚度

C. 调整模型表面方向

D. 对模型进行挤压和扭曲

5. 调整轴的影响对象有（　　）种。

A. 1　　B. 2　　C. 3　　D. 4

实训任务 3　制作风吹窗帘动画

一、实训任务

在生活中窗帘随风摆动的场景随处可见，本任务的内容就是完成如图 4-3-1 所示的风吹窗帘的动画效果。

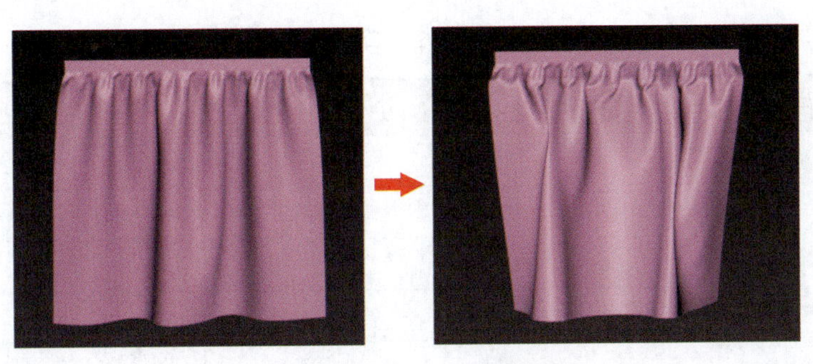
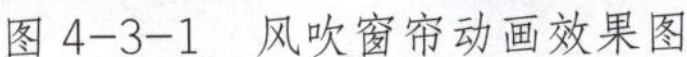

图 4-3-1　风吹窗帘动画效果图

效果视频

二、任务分析

在本任务中，为对象加载“布料”修改器，设置“组”子集参数，通过模拟动画完成风吹窗帘的动画效果。

结合以上分析，可绘制出本任务的实施过程和技术要点的思维导图，如图 4-3-2 所示。参照思维导图，复习教材中相应的知识点和技能点。

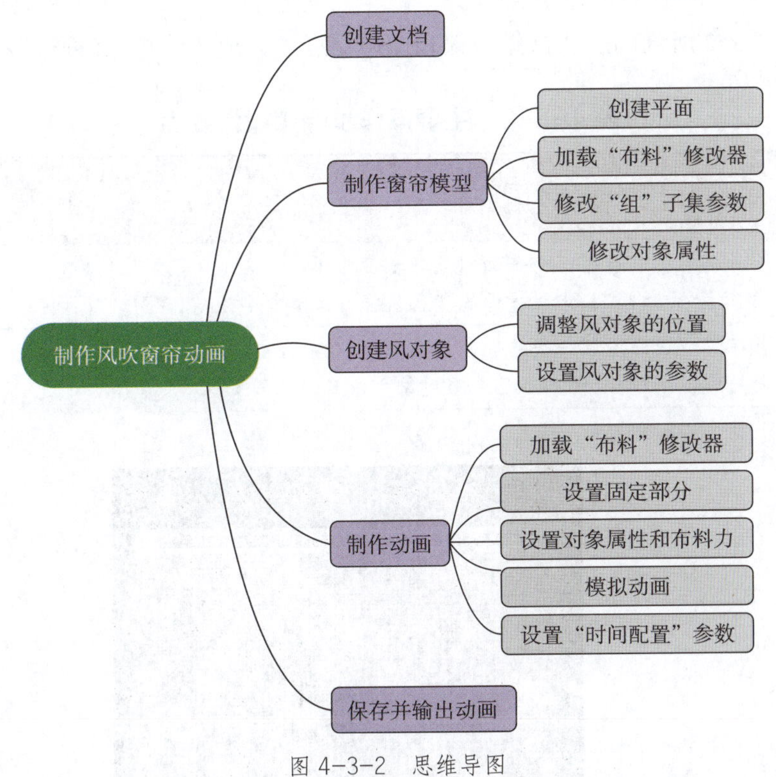

图 4-3-2　思维导图

三、制订计划

根据任务分析，制订完成本任务的实训计划，填入表 4-3-1 中。

表 4-3-1　实训计划

序号	工作内容	所需时间
1		
2		
3		
4		
5		
6		
7		
8		
9		
10		

四、操作步骤提示

参照表 4–3–2 所列的主要操作步骤和操作要点，完成风吹窗帘动画的制作。

表 4-3-2　主要操作步骤和操作要点

操作步骤	操作要点
制作窗帘模型	（1）在前视图中绘制一个平面，设其长度为 1 000 mm，宽度为 1 200 mm，长度分段为 100，宽度分段为 100，设置平面的颜色，将对象重命名为“窗帘”
	（2）在前视图中绘制一个平面，设其长度为 50 mm，宽度为 1 200 mm，长度分段为 1，宽度分段为 1，设置平面的颜色，将对象重命名为“固定”
	（3）调整“窗帘”和“固定”对象的位置 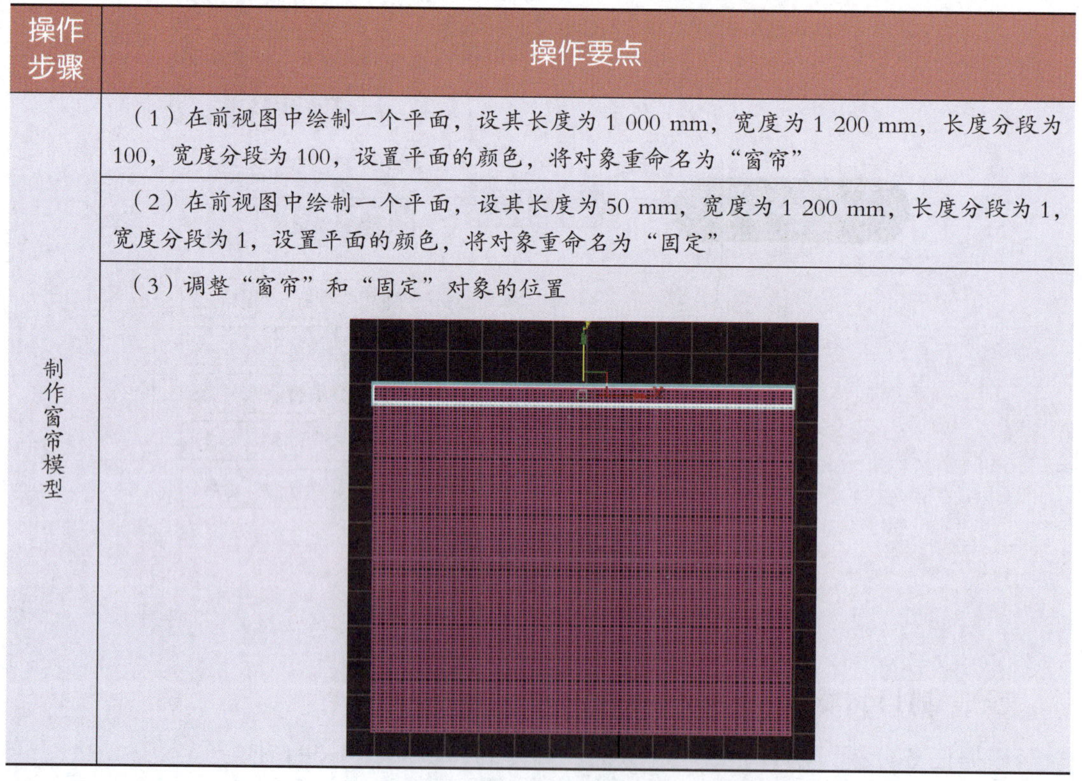

续表

<table>
<tr><th>操作步骤</th><th>操作要点</th></tr>
<tr><td rowspan="3">制作窗帘模型</td><td>（4）为“窗帘”对象加载“布料”修改器。选择“组”子集，在前视图中选择窗帘顶部的区域，在其右侧面板中选择“设定组”，设置组名，再在右侧面板中选择“节点”，在前视图中选择“固定”对象
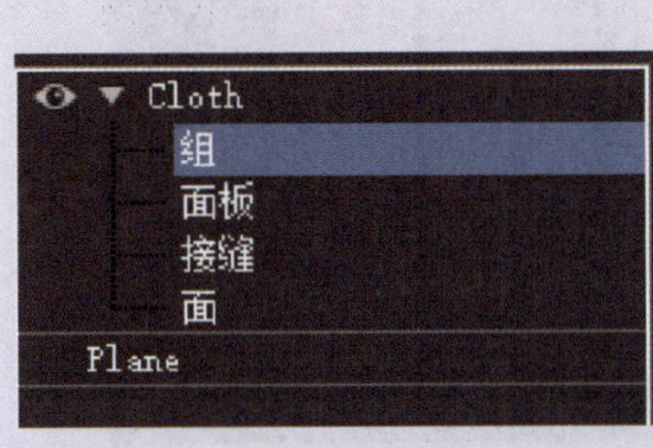

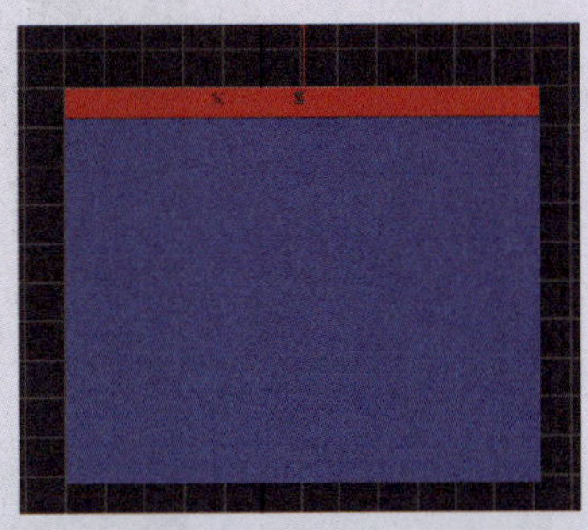
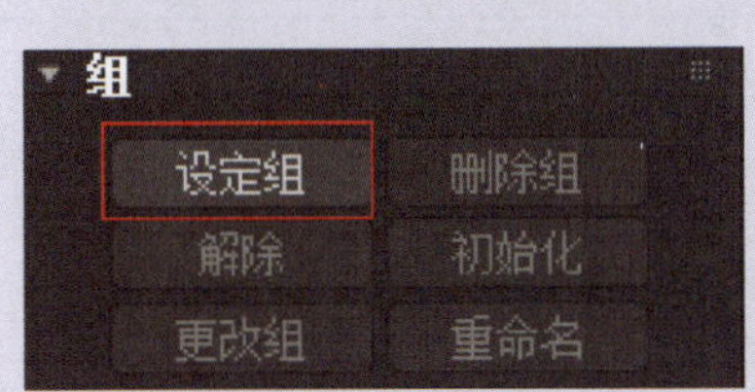

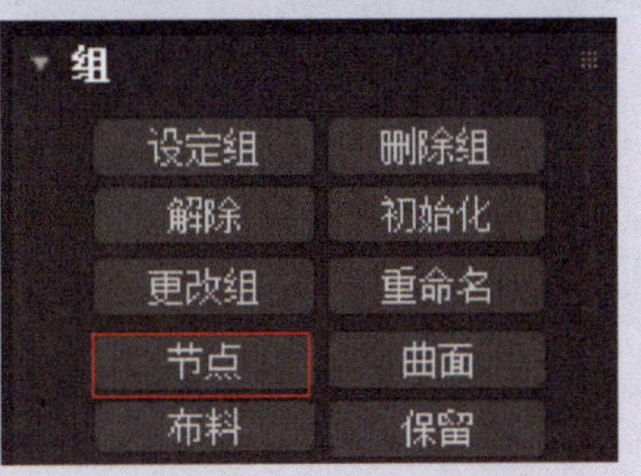
</td></tr>
<tr><td>（5）在“布料”修改器“对象”卷展栏中，选择“对象属性”，添加对象“窗帘”，选择“布料”，在预设中选择“Cotton”
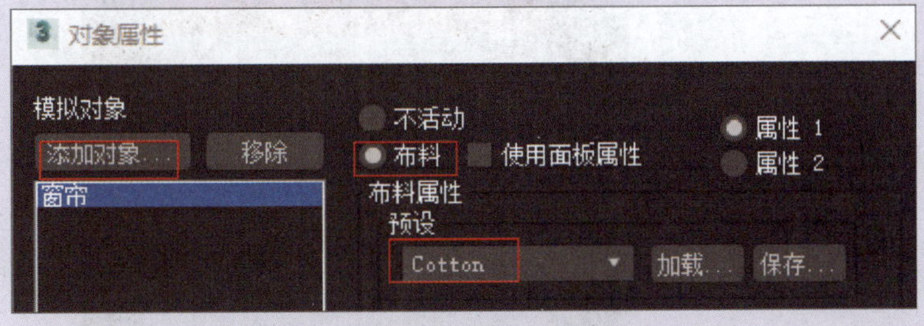
</td></tr>
<tr><td>（6）在“对象”卷展栏中，单击“模拟局部”按钮
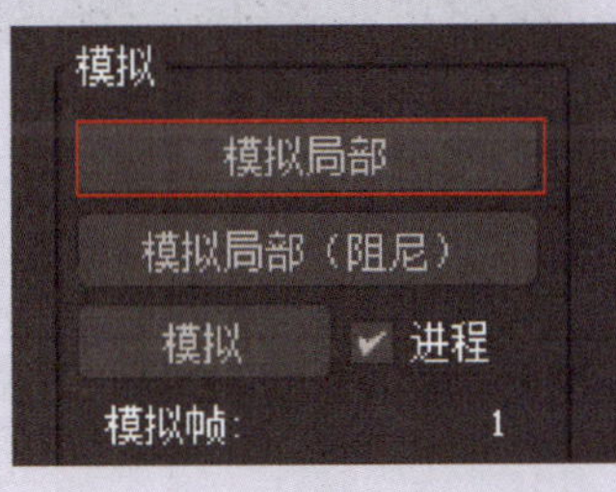
</td></tr>
</table>

续表

操作步骤	操作要点
制作窗帘模型	（7）选择“固定”对象，利用“选择并均匀缩放”工具将其缩放到适当比例，直到窗帘模拟到最佳效果 
	（8）右击“布料”修改器，选择“塌陷全部”，删除“固定”对象
创建风对象	在前视图中创建一个“风”对象，调整其位置，设其强度为6，湍流为0.6，频率为0.3，比例为0.2
制作动画	（1）选择“窗帘”对象，再次加载“布料”修改器，选择“组”子集，在前视图中选择窗帘的固定区域，选择“设定组”，再选择“保留”选项 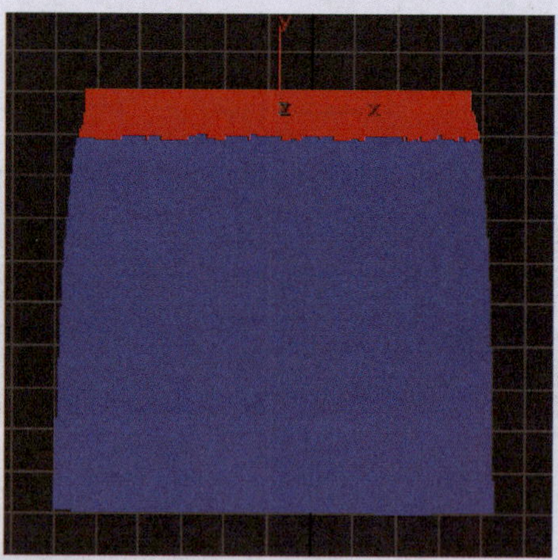
	（2）重复“制作窗帘模型”中的步骤（5）
	（3）选择“布料力”，将风对象添加至“模拟中的力”
	（4）设置“时间配置”参数。设帧速率为PAL，动画结束时间为50
	（5）在“对象”卷展栏中单击“模拟”按钮，形成“窗帘”对象的逐帧效果
	（6）预览动画效果

五、实训评价

实训任务完成后展示作品，并分享任务过程中的心得和体会，然后从学习过程、作品效果和作品展示等多方面进行实训评价，可采用学生自评、学生互评与教师评价相结合的多元评价方式，见表 4-3-3。

表 4-3-3　实训评价表

序号	评价项目	评价要求	分值 / 分	学生自评（占比 30%）	学生互评（占比 30%）	教师评价（占比 40%）
1	自主复习	实训前能应用思维导图复习、总结学习过的内容	10			
2	制订计划	对实训任务的分析准确、到位、有明确可行的操作步骤	10			
3	任务实施及检查评估	1. 能制作窗帘模型（25 分） 2. 能创建风对象（5 分） 3. 能制作风吹窗帘的动画效果（20 分） 4. 动画预览流畅自然（10 分）	60			
4	成果展示及学习心得交流	在成果展示与汇报时，能使用专业术语，表达准确、语言流畅、声音洪亮、普通话标准、仪态大方	10			
5	自主总结	能对实训后的收获进行梳理，总结收获与不足之处	5			
6	小组学习	能帮助小组内其他同学	5			
7	6S 规范	每发现 1 次不符合规范的操作扣 2 分；若违反安全操作规范，实训成绩计 0 分	—			
综合得分						

六、实训拓展

参考图 4-3-3，制作风吹桌布动画。

效果视频

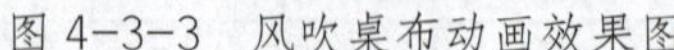

图 4-3-3　风吹桌布动画效果图

七、知识巩固与提高

1. 创建对象后，加载“布料”修改器可以使用（　　）面板。

A. 工具　　B. 修改器　　C. 动画　　D. 编辑

2. 若要删除在“布料”修改器中设定的固定点，可用“（　　）”子集。

A. 组　　B. 面板　　C. 接缝　　D. 面

3. 关于“布料”修改器，下列说法中正确的是（　　）。

A. 可以抓取对象的目标静态状态，也可以模拟动态过程

B. 一旦模拟完成后，就不能再修改了

C. 不能抓取对象的目标静态状态

D. 模拟对象不能更改

4. 创建风对象，应该选择“（　　）”选项。

A. 几何体　　B. 图形　　C. 辅助对象　　D. 空间扭曲

5. 制作随风摆动效果，需要在“布料”修改器中添加（　　）。

A. 力场　　B. 曲面　　C. 对象属性　　D. 布料力

实训任务 4　制作跷跷板动画

一、实训任务

在幼儿园、小区、公园中都可以看到供小朋友们玩耍的跷跷板设施，本任务的内容就是制作一个跷跷板动画，完成后的效果如图 4-4-1 所示。

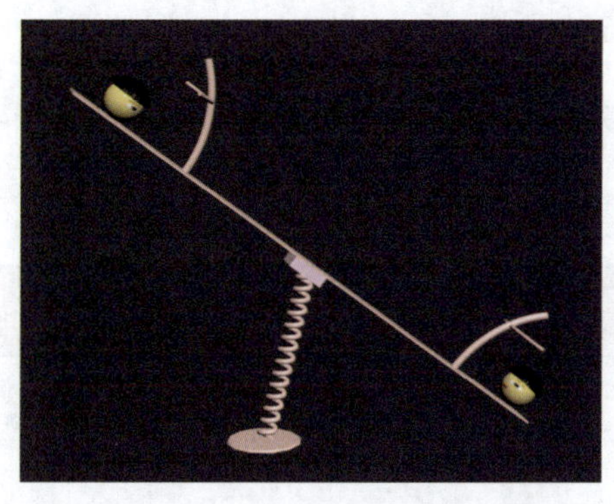

图 4-4-1 跷跷板动画效果图

效果视频

二、任务分析

在本任务中，通过绘制标准基本体，加载“弯曲”修改器，群组对象，创建弹簧对象，并设置绑定对象来创建跷跷板模型，为球体对象加载“UVW 贴图”“柔体”“Hair 和 Fur（WSM）”修改器来制作人物模型，最后通过设置自动关键点动画完成跷跷板动画的制作。

结合以上分析，可绘制出本任务的实施过程和技术要点的思维导图，如图 4-4-2 所示。参照思维导图，复习教材中相应的知识点和技能点。

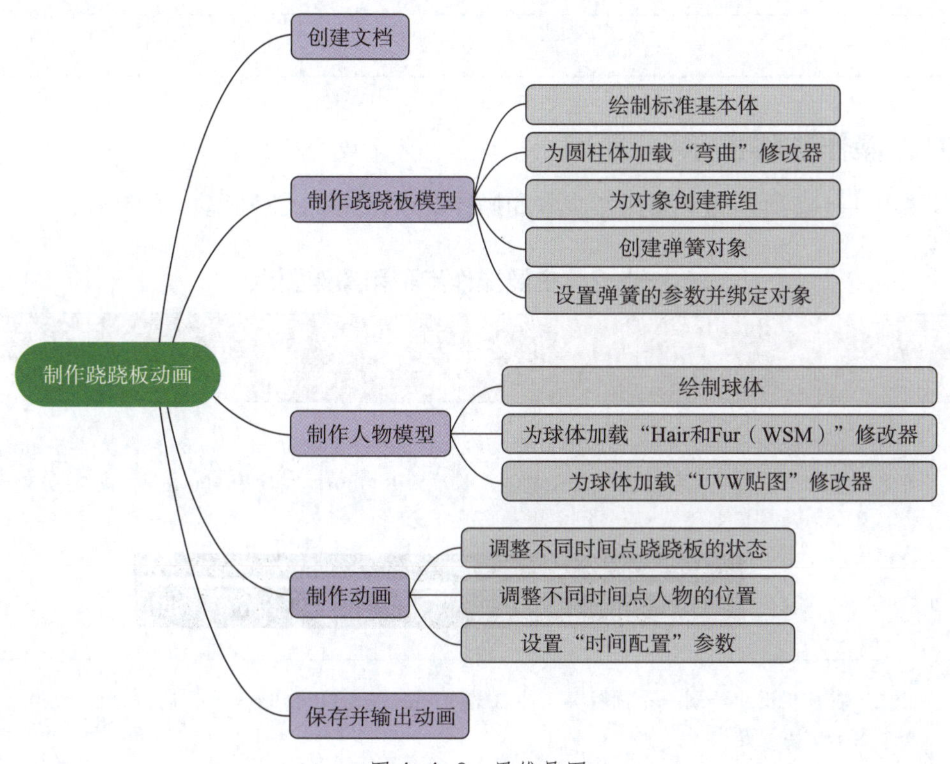

图 4-4-2 思维导图

三、制订计划

根据任务分析，制订完成本任务的实训计划，填入表 4–4–1 中。

表 4–4–1 实训计划

序号	工作内容	所需时间
1		
2		
3		
4		
5		
6		
7		
8		
9		
10		

四、操作步骤提示

参照表 4–4–2 所列的主要操作步骤和操作要点，完成跷跷板动画的制作。

表 4–4–2 主要操作步骤和操作要点

操作步骤	操作要点
制作跷跷板模型	（1）在顶视图中绘制一个长方体，长度为 100 mm，宽度为 1 500 mm，高度为 5 mm，将其重命名为“底座”；再绘制一个长方体，长度为 80 mm，宽度为 100 mm，高度为 30 mm，将其重命名为“固定块”，调整固定块至底座下方 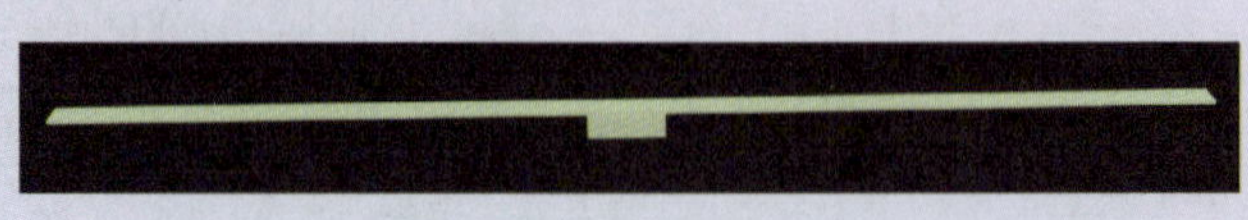
	（2）在顶视图中绘制一个圆柱体，半径为 10 mm，高度为 300 mm，高度分段为 20，将其重命名为“左支架”

续表

<table>
<tr><th>操作步骤</th><th>操作要点</th></tr>
<tr><td rowspan="6">制作跷跷板模型</td><td>（3）为“左支架”对象加载“弯曲”修改器，设置弯曲角度为-50，调整位置，得到下图所示的效果
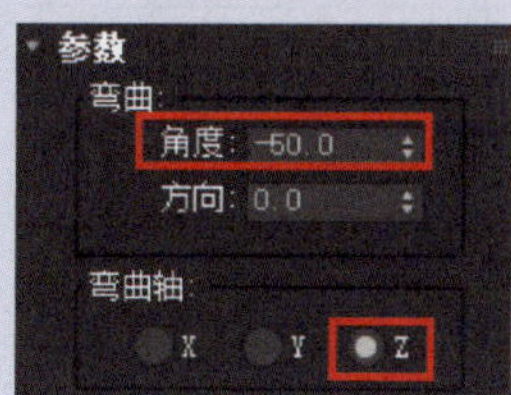

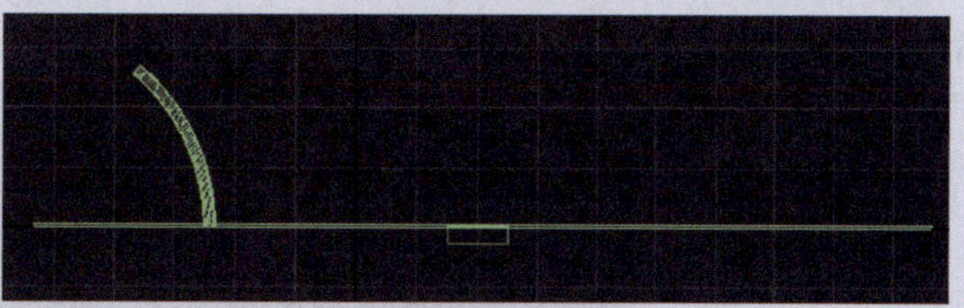</td></tr>
<tr><td>（4）重复步骤（2）、步骤（3）得到“左扶手”，调整位置，得到下图所示的效果
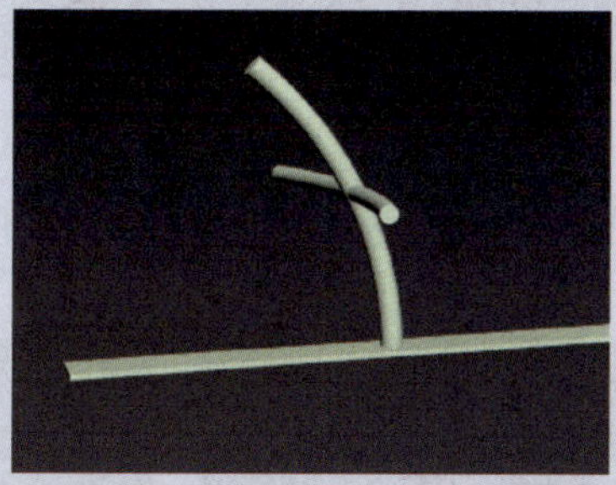</td></tr>
<tr><td>（5）选择“左支架”与“左扶手”，镜像复制后得到“右支架”与“右扶手”</td></tr>
<tr><td>（6）调整“底座”“固定块”“左支架”“左扶手”“右支架”“右扶手”的位置，并创建群组，将组命名为“跷跷板”
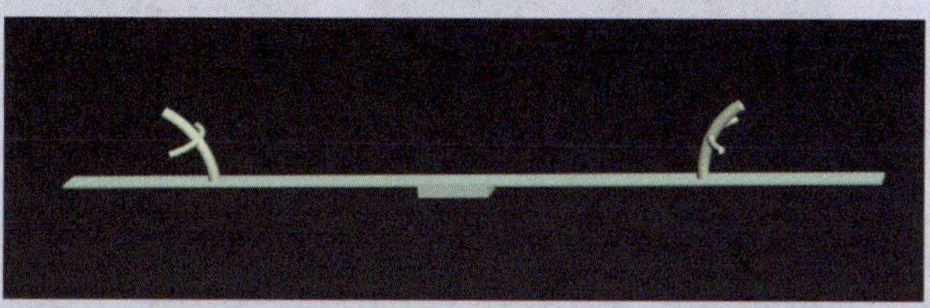</td></tr>
<tr><td>（7）在顶视图中绘制一个弹簧，按图示设置参数
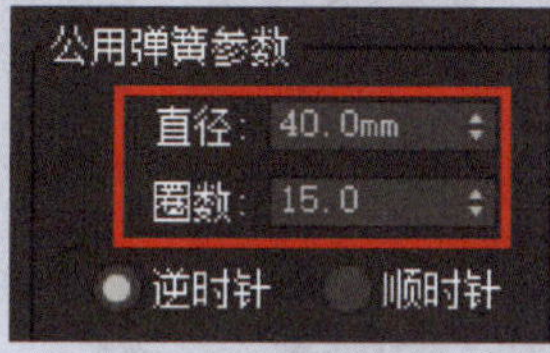

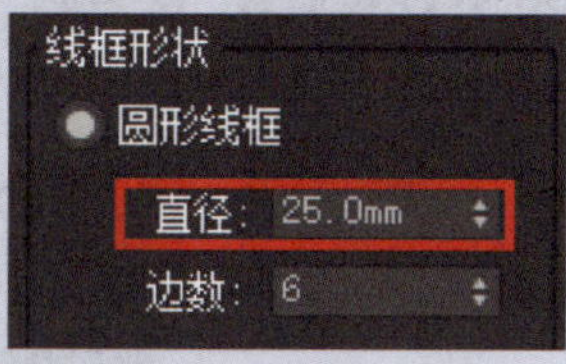
</td></tr>
<tr><td>（8）在顶视图中绘制一个切角圆柱体，将其重命名为“跷跷板底座”
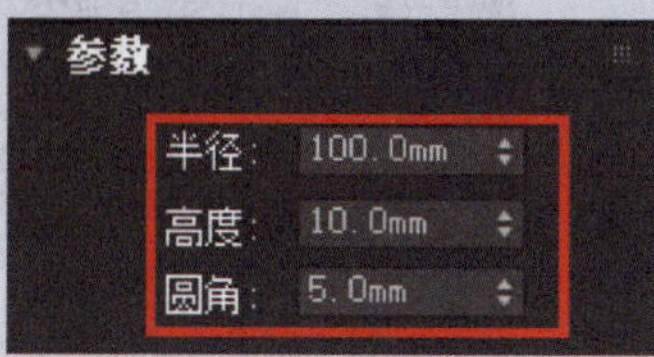
</td></tr>
</table>

续表

<table>
<tr><th>操作步骤</th><th>操作要点</th></tr>
<tr><td rowspan="2">制作跷跷板模型</td><td>（9）将弹簧对象“绑定到对象轴”。在“绑定对象”栏中单击“拾取顶部对象”按钮，在视口中选择“跷跷板”对象，用同样方法绑定“跷跷板底座”对象</td></tr>
<tr><td>（10）调整“跷跷板”轴中心的位置
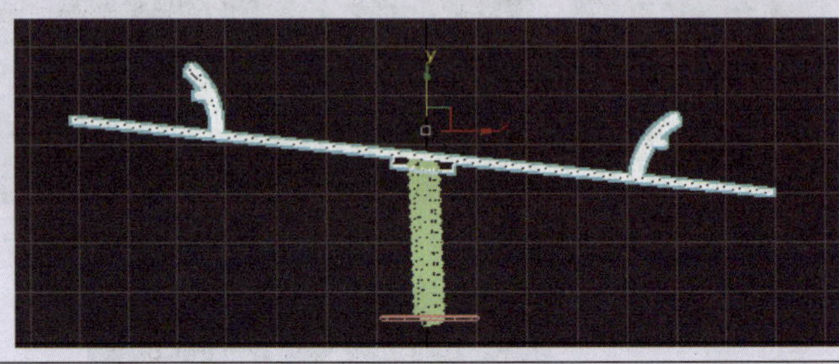</td></tr>
<tr><td rowspan="2">制作人物模型</td><td>（1）在顶视图中绘制一个球体，设其半径为 50 mm</td></tr>
<tr><td>（2）为球体加载“Hair 和 Fur（WSM）”修改器，选择“多边形”子集，在前视图中选中图示区域，单击“更新选择”按钮
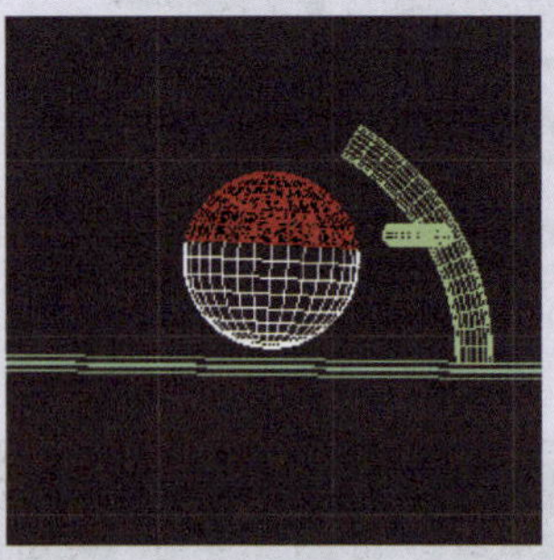
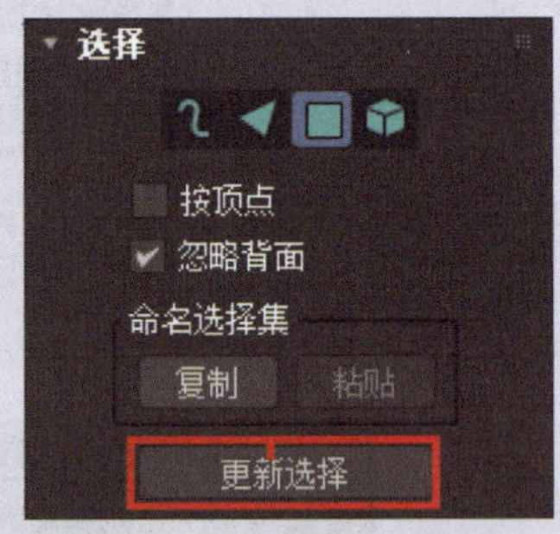

再设置“常规参数”“材质参数”和“显示”参数，得到毛发效果
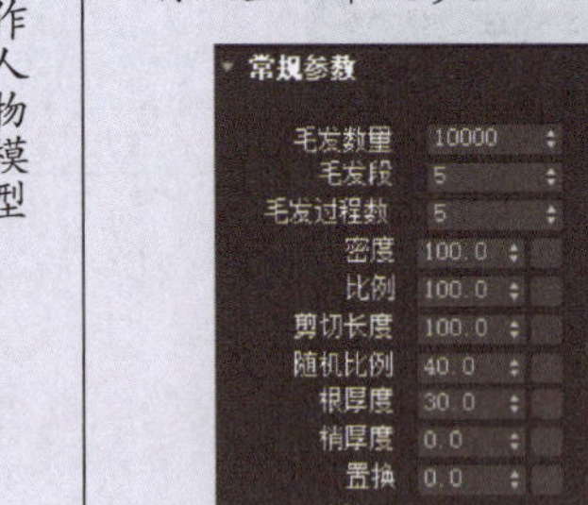

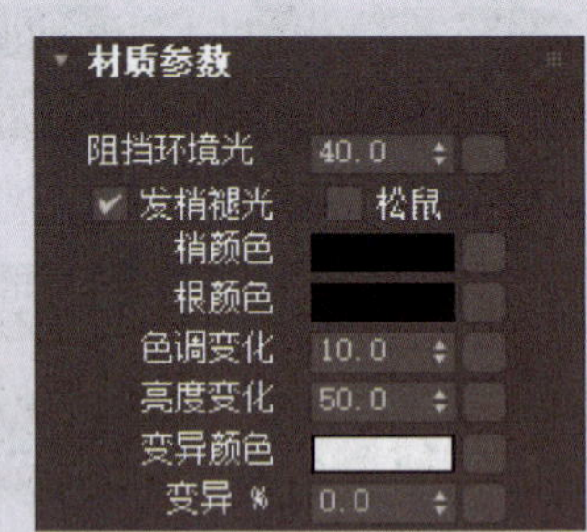

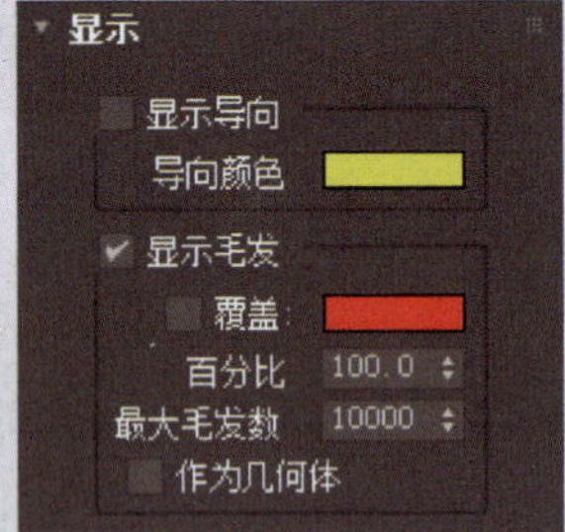

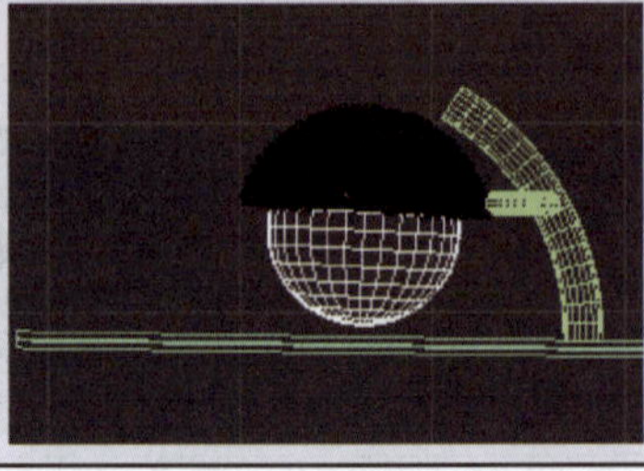</td></tr>
</table>

续表

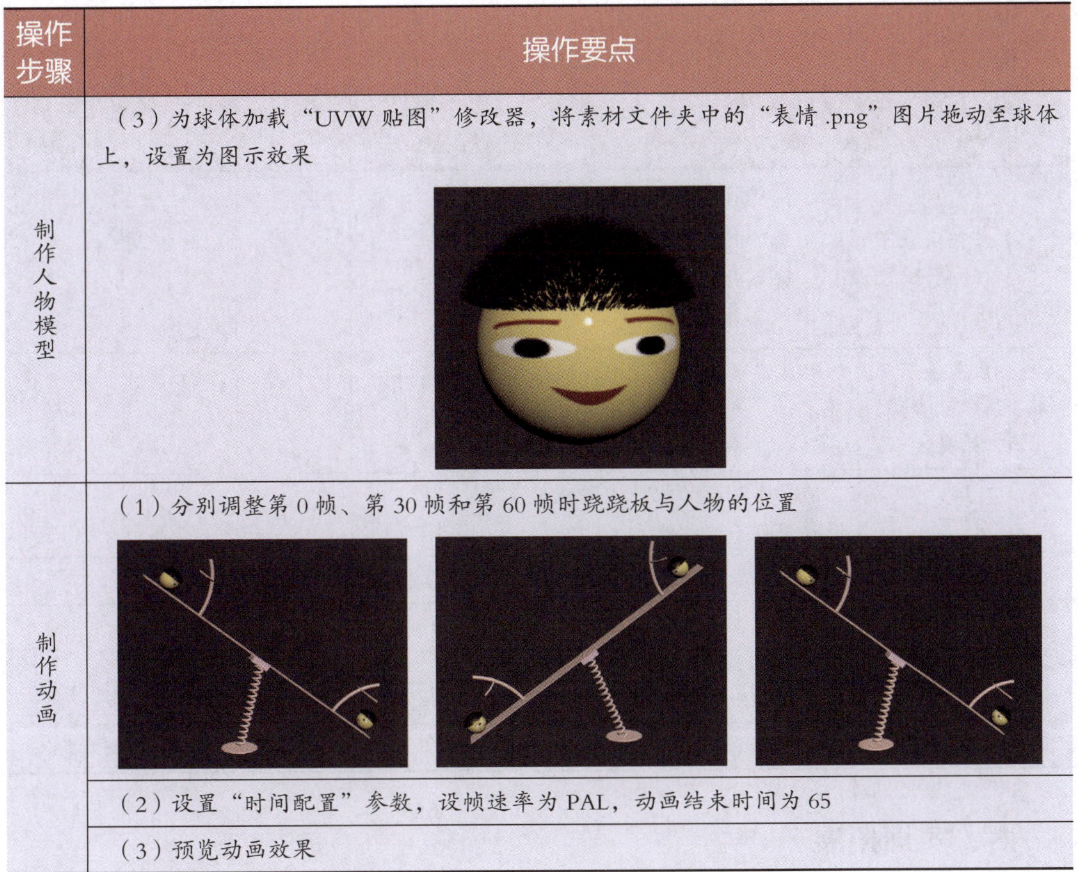

操作步骤	操作要点
制作人物模型	（3）为球体加载“UVW 贴图”修改器，将素材文件夹中的“表情 .png”图片拖动至球体上，设置为图示效果
制作动画	（1）分别调整第 0 帧、第 30 帧和第 60 帧时跷跷板与人物的位置
	（2）设置“时间配置”参数，设帧速率为 PAL，动画结束时间为 65
	（3）预览动画效果

五、实训评价

实训任务完成后展示作品，并分享任务过程中的心得和体会，然后从学习过程、作品效果和作品展示等多方面进行实训评价，可采用学生自评、学生互评与教师评价相结合的多元评价方式，见表 4–4–3。

表 4–4–3　实训评价表

序号	评价项目	评价要求	分值 / 分	学生自评（占比 30%）	学生互评（占比 30%）	教师评价（占比 40%）
1	自主复习	实训前能应用思维导图复习、总结学习过的内容	10			
2	制订计划	对实训任务的分析准确、到位、有明确可行的操作步骤	10			

续表

序号	评价项目	评价要求	分值/分	学生自评（占比30%）	学生互评（占比30%）	教师评价（占比40%）
3	任务实施及检查评估	1. 能制作跷跷板模型（20分） 2. 能制作人物模型（15分） 3. 能制作跷跷板动画（20分） 4. 动画预览流畅自然（5分）	60			
4	成果展示及学习心得交流	在成果展示与汇报时，能使用专业术语，表达准确、语言流畅、声音洪亮、普通话标准、仪态大方	10			
5	自主总结	能对实训后的收获进行梳理，总结收获与不足之处	5			
6	小组学习	能帮助小组内其他同学	5			
7	6S规范	每发现1次不符合规范的操作扣2分；若违反安全操作规范，实训成绩计0分	—			
综合得分						

六、实训拓展

参考图4-4-3，制作小草生长动画。

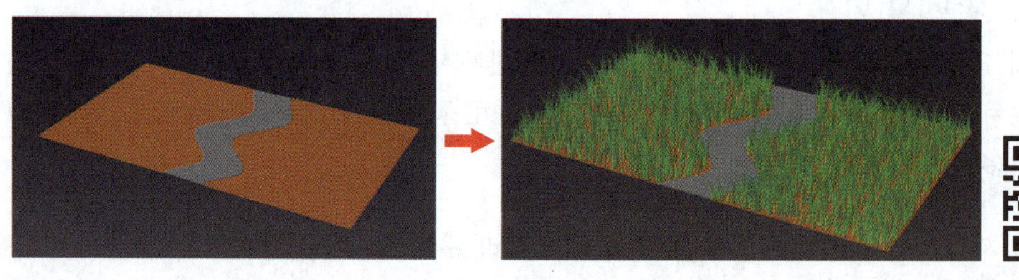

图4-4-3　小草生长动画效果图

效果视频

七、知识巩固与提高

1. 在“柔体”修改器中，“强度”的参数值（　　），柔性越好。

A. 越大　　　　B. 越小

C. 为0　　　　D. 以上选项都不正确

2. 毛发的颜色可以在“Hair和Fur（WSM）”修改器的（　　）卷展栏中设置。

A. 常规参数　　B. 设计　　C. 材质参数　　D. 显示

3.“Hair 和 Fur（WSM）”修改器在（　　）选项中。

A. 选择修改器　　B. 世界空间修改器

C. 对象空间修改器　　D. 以上选项都不正确

4. 创建弹簧对象时，应选择“(　　)”选项。

A. 扩展基本体　　B. 复合对象　　C. NURBS 曲面　　D. 动力学对象

5. 若弹簧对象随绑定对象运动而自动调节，可以设置（　　）。

A. 高度　　B. 圈数　　C. 绑定对象　　D. 动力学参数

项目五 路径动画

实训任务 1　制作汽车行驶动画

一、实训任务

“路径约束”在动画制作中应用广泛，本任务的内容就是利用“路径约束”制作汽车沿公路行驶的动画，完成后的效果如图 5–1–1 所示。

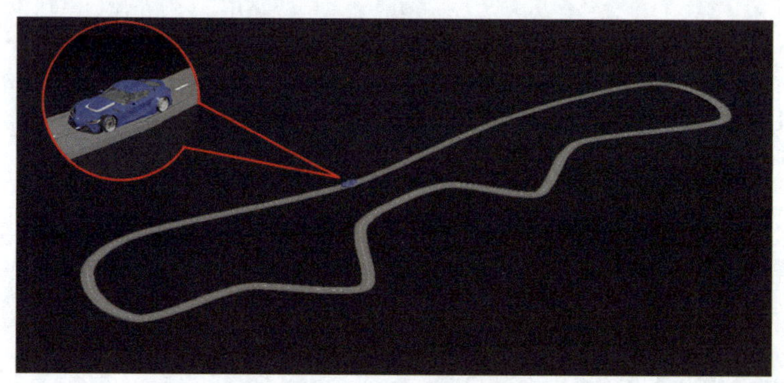

图 5–1–1　汽车行驶动画效果图

效果视频

二、任务分析

通过将图形中的“样条线”编辑后形成公路路径，再制作公路剖面，运用“放样”工具，设置相关参数得到公路模型，再导入汽车模型素材，设置动画路径约束，得到汽车行驶的动画效果。

结合以上分析，可绘制出本任务的实施过程和技术要点的思维导图，如图 5–1–2 所示。参照思维导图，复习教材中相应的知识点和技能点。

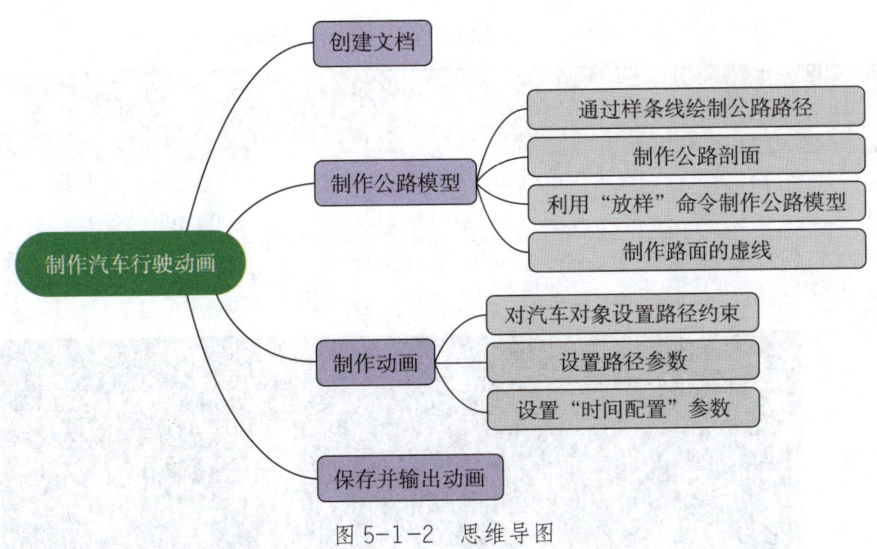

图 5-1-2　思维导图

三、制订计划

根据任务分析，制订完成本任务的实训计划，填入表 5-1-1 中。

表 5-1-1　实训计划

序号	工作内容	所需时间
1		
2		
3		
4		
5		
6		
7		
8		
9		
10		

四、操作步骤提示

参照表 5-1-2 所列的主要操作步骤和操作要点，完成汽车行驶动画的制作。

表 5-1-2　主要操作步骤和操作要点

<table>
<tr><th>操作步骤</th><th>操作要点</th></tr>
<tr><td rowspan="4">制作公路模型</td><td>（1）切换到顶视图，在右侧命令面板中执行“创建”→“图形”→“样条线”→“矩形”命令，创建一个矩形，设置其长度为 70 000 mm，宽度为 200 000 mm</td></tr>
<tr><td>（2）在右侧命令面板中执行“创建”→“图形”→“样条线”→“线”命令，在顶视图中的矩形框内绘制出公路的路径，将对象重命名为“公路路径”
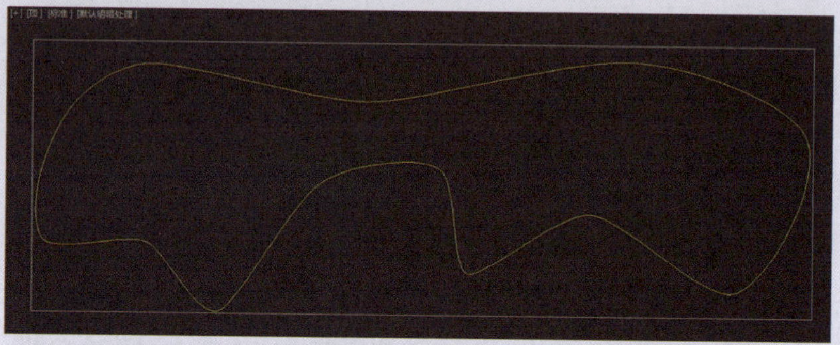
对“公路路径”对象加载“FFD 3×3×3”修改器，选择“控制点”子集，在前视图中，将公路一端沿 Y 轴向上移动一定的距离，将“公路路径”对象的颜色设置为黄色
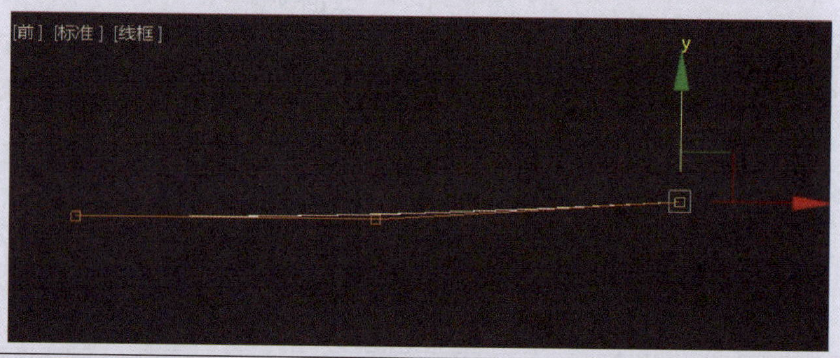
</td></tr>
<tr><td>（3）在前视图中创建一个矩形，设置其长度为 300 mm，宽度为 3 000 mm，将其重命名为“公路剖面”</td></tr>
<tr><td>（4）右击“公路剖面”对象，执行“转换为”→“转换为可编辑样条线”命令。在修改面板中，选择“可编辑样条线”的“线段”子集，选择线段 AD，如下图所示，在“几何体”卷展栏中，执行“拆分”命令，设数值为 4。线段拆分完成后，选择“可编辑样条线”的“顶点”子集，选择所有点，右击选择“角点”选项
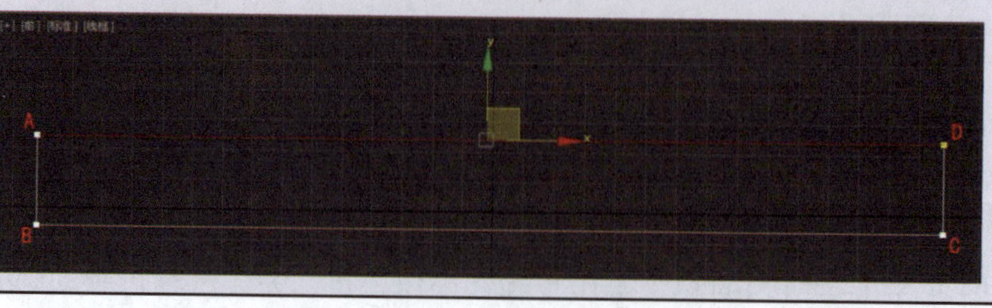
</td></tr>
</table>

续表

<table>
<tr><th>操作步骤</th><th>操作要点</th></tr>
<tr><td rowspan="3">制作公路模型</td><td>（5）选择移动工具，在工具栏中开启“捕捉”工具，选择顶点 1，将其移动至 A 点并与 A 点捕捉对齐
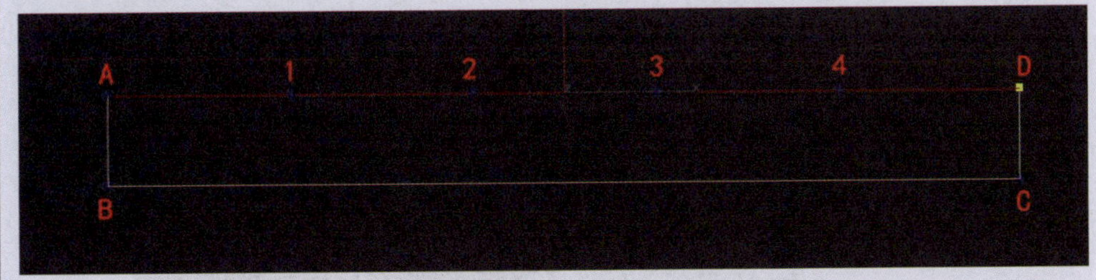

打开“移动工具”对话框，将 X 轴设为 200
用同样的方法，选择顶点 4，将点 4 与 D 点捕捉对齐，打开移动对话框，设置 X 轴数值为 −200。将顶点 2 与顶点 1 捕捉对齐，右击“选择并移动”工具按钮，打开移动对话框，设置 Y 轴数值为 −100，设顶点 4 至顶点 3 之间的距离为 100 mm，得到下图所示效果
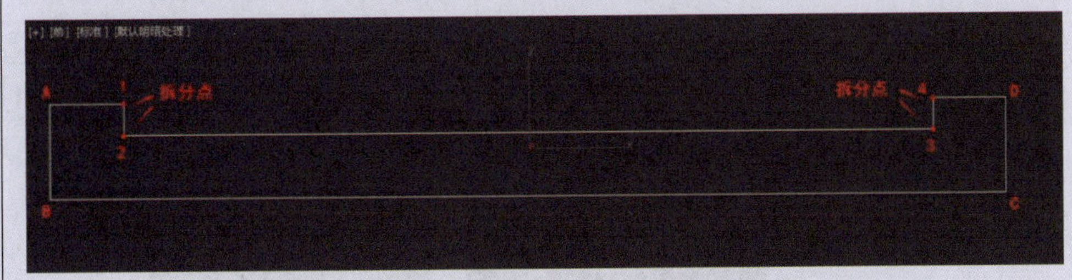
</td></tr>
<tr><td>（6）在顶视图中，选择“公路剖面”，在右侧命令面板中执行“创建”→“标准几何体”→“复合对象”→“放样”命令，选择获取路径，选择“公路路径”，得到下图所示效果。将对象的颜色设置为灰色，将对象重命名为“公路”
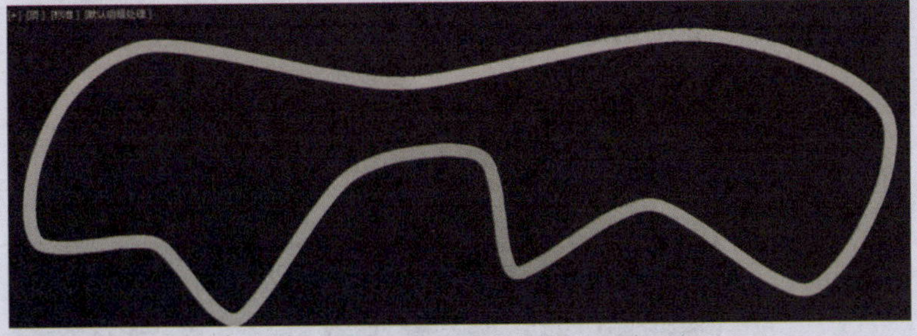</td></tr>
<tr><td>（7）制作路面的白色单虚线。在顶视图中创建一个矩形，设置其长度为 100 mm，宽度为 800 mm，为矩形加载“挤出”修改器，设置其数量为 5 mm，分段为 1，将对象的颜色设置为白色，将对象重命名为“块 1”</td></tr>
</table>

续表

<table>
<tr><th>操作步骤</th><th>操作要点</th></tr>
<tr><td>制作公路模型</td><td>（8）制作单虚线。选择“公路路径”对象，按住 Shift 键移动“公路路径”，进行“复制并移动”操作，将复制对象移动到“公路路面”顶端对齐的位置，将复制对象命名为“公路路径 001”。选择“块 1”，在菜单栏中执行“工具”→“对齐”→“间隔工具”命令，在弹出对话框的“拾取路径”选项中拾取“公路路径 001”，单击“应用”按钮，得到下图所示的效果
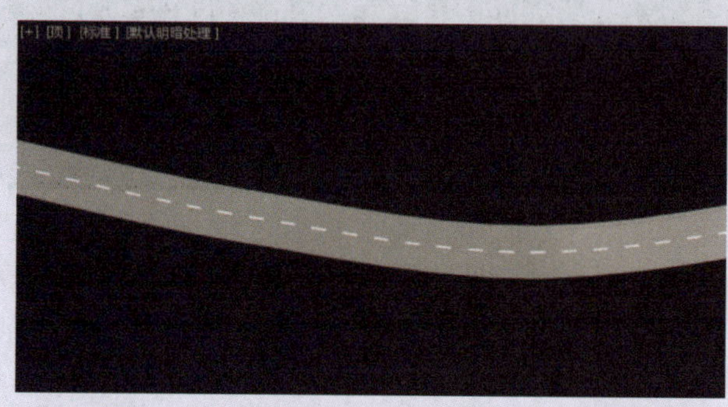
</td></tr>
<tr><td rowspan="3">制作动画</td><td>（1）导入素材中的汽车模型，将导入对象命名为“汽车”。选择“汽车”对象，在菜单栏中执行“动画”→“约束”→“路径约束”命令，拾取“公路路径”，在右侧面板中单击“运动”按钮，在“路径参数”卷展栏中设置下图所示的参数
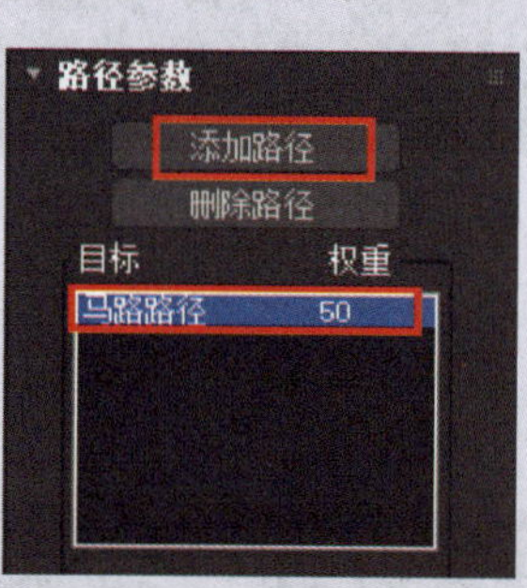

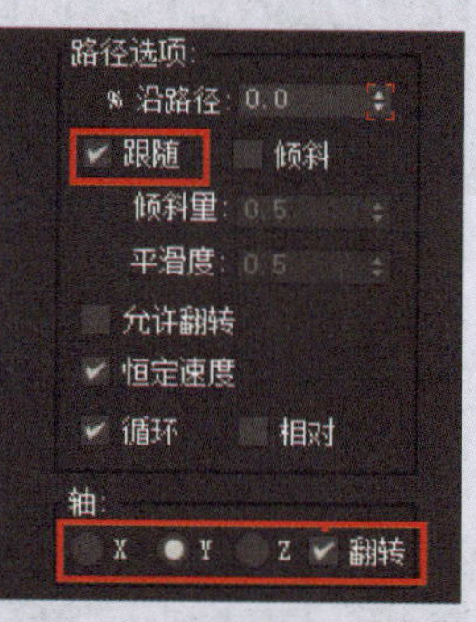
</td></tr>
<tr><td>（2）单击“时间配置”按钮，设置帧速率为 PAL，动画结束时间为 100</td></tr>
<tr><td>（3）单击“播放动画”按钮，预览汽车在公路上行驶的动画效果
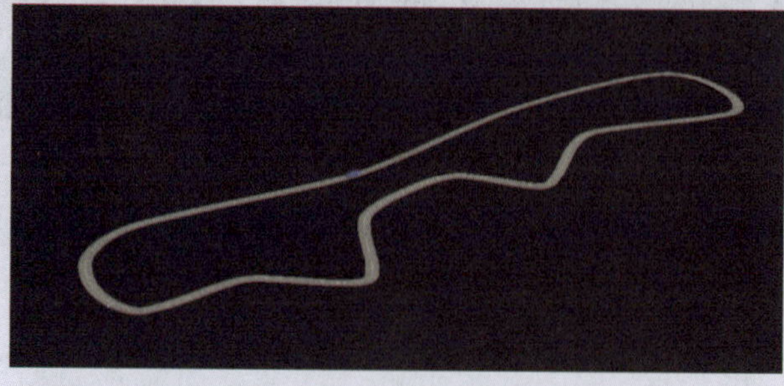</td></tr>
</table>

五、实训评价

实训任务完成后展示作品，并分享任务过程中的心得和体会，然后从学习过程、作品效果和作品展示等多方面进行实训评价，可采用学生自评、学生互评与教师评价相结合的多元评价方式，见表 5-1-3。

表 5-1-3　实训评价表

序号	评价项目	评价要求	分值 / 分	学生自评（占比 30%）	学生互评（占比 30%）	教师评价（占比 40%）
1	自主复习	实训前能应用思维导图复习、总结学习过的内容	10			
2	制订计划	对实训任务的分析准确、到位、有明确可行的操作步骤	10			
3	任务实施及检查评估	1. 能制作公路模型（30 分） 2. 能制作汽车行驶动画（20 分） 3. 动画预览流畅自然（10 分）	60			
4	成果展示及学习心得交流	在成果展示与汇报时，能使用专业术语，表达准确、语言流畅、声音洪亮、普通话标准、仪态大方	10			
5	自主总结	能对实训后的收获进行梳理，总结收获与不足之处	5			
6	小组学习	能帮助小组内其他同学	5			
7	6S 规范	每发现 1 次不符合规范的操作扣 2 分；若违反安全操作规范，实训成绩计 0 分	—			
综合得分						

六、实训拓展

参考图 5-1-3，制作鱼儿游动动画。

图 5-1-3　鱼儿游动动画效果图

效果视频

七、知识巩固与提高

1. 要使闭合的样条线变得平滑，需要使用（　　）选项。

A. Bezier 角点　B. Bezier　C. 角点　D. 平滑

2. 虚拟对象主要应用于（　　）。

A. 渲染　B. 链接　C. 群组　D. 对齐

3. “路径约束”命令位于“（　　）”菜单中。

A. 工具　B. 修改器　C. 动画　D. 编辑

4. 在对象上显示贴图材质，可以加载“（　　）”修改器。

A. UVW 贴图　B. 路径变形　C. 壳　D. FFD

5. 制作高脚杯、葫芦模型时，可以使用“（　　）”修改器将图形围绕轴旋转得到。

A. 路径变形　B. 倒角　C. 切角　D. 车削

实训任务 2　制作传送带动画

一、实训任务

很多工厂都采用流水线方式工作，传送带是在各环节间传递工件的重要工具。本任务的内容就是制作一个传送带动画，模拟工厂流水线传输场景，完成后的效果如

图 5-2-1 所示。

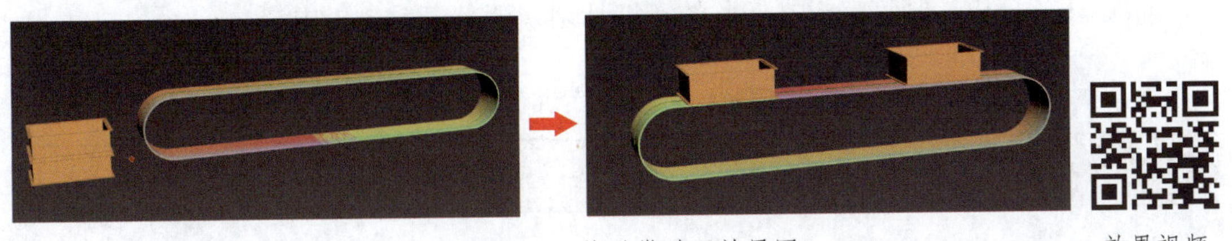
效果视频

图 5-2-1　传送带动画效果图

二、任务分析

通过绘制图形，编辑样条线得到传送带路径；通过绘制平面，给平面添加“壳”和“路径变形（WSM）”修改器得到传送带模型。通过设置“路径变形（WSM）”参数值得到传送带运动的动画效果，再通过创建窗对象，设置窗对象从传送带一端移到另一个端的动画效果，调整曲线编辑器参数与运动路径，让动画效果更加流畅自然。

结合以上分析，可绘制出本任务的实施过程和技术要点的思维导图，如图 5-2-2 所示。参照思维导图，复习教材中相应的知识点和技能点。

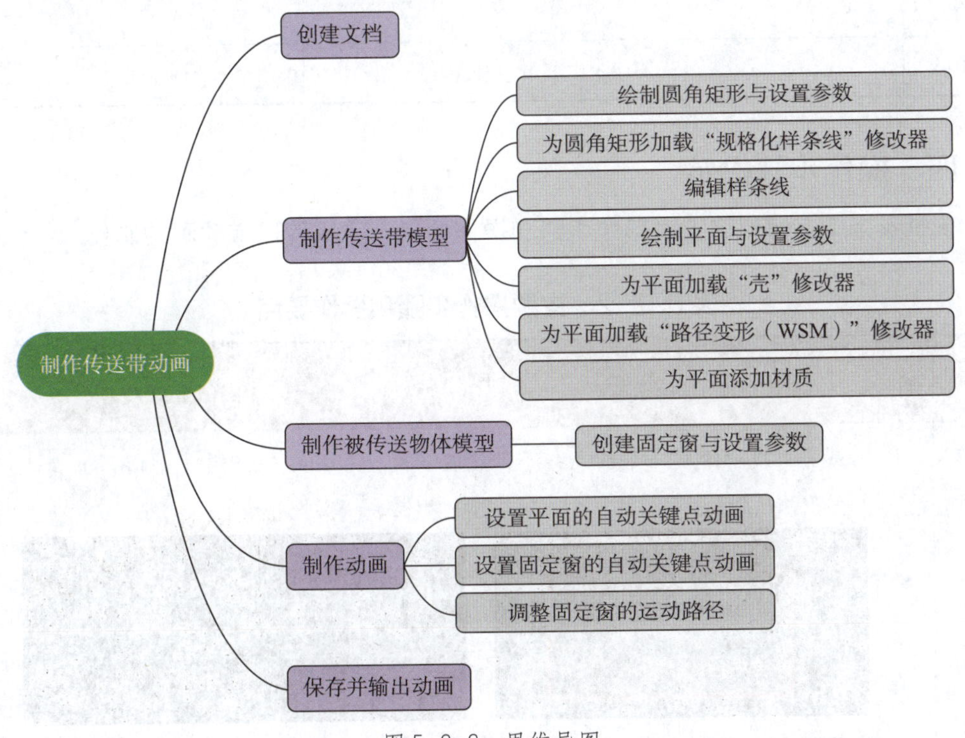

图 5-2-2　思维导图

三、制订计划

根据任务分析，制订完成本任务的实训计划，填入表 5-2-1 中。

表 5-2-1　实训计划

序号	工作内容	所需时间
1		
2		
3		
4		
5		
6		
7		
8		
9		
10		

四、操作步骤提示

参照表 5-2-2 所列的主要操作步骤和操作要点，完成传送带动画的制作。

表 5-2-2　主要操作步骤和操作要点

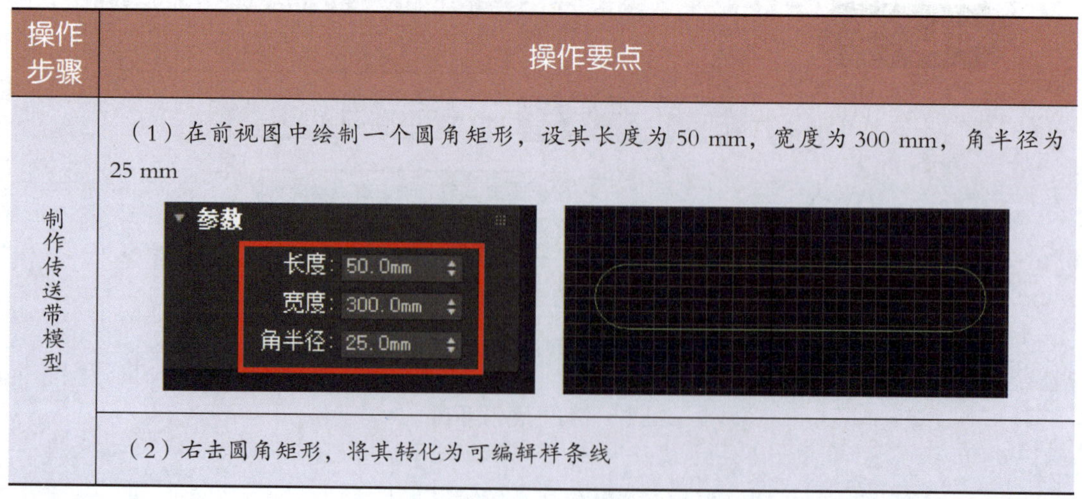

操作步骤	操作要点
制作传送带模型	（1）在前视图中绘制一个圆角矩形，设其长度为 50 mm，宽度为 300 mm，角半径为 25 mm
	（2）右击圆角矩形，将其转化为可编辑样条线

续表

<table>
<tr><th>操作步骤</th><th>操作要点</th></tr>
<tr><td rowspan="6">制作传送带模型</td><td>（3）为圆角矩形加载“规格化样条线”修改器，参照图示设置参数
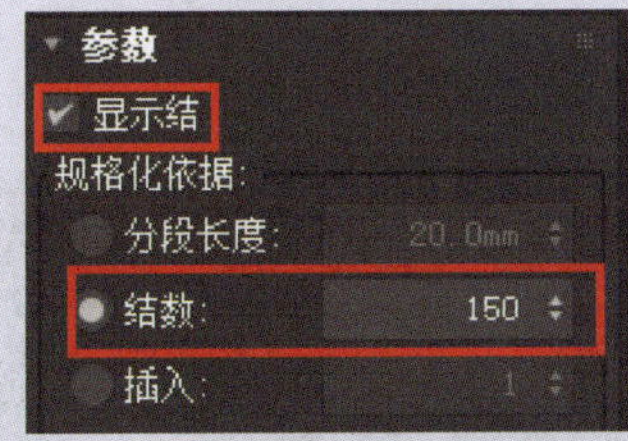

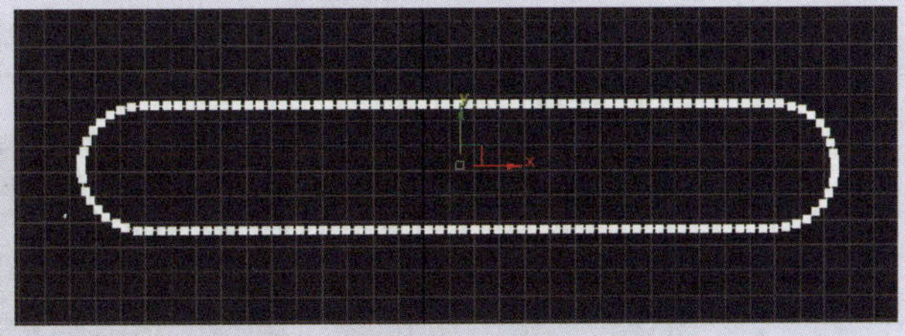</td></tr>
<tr><td>（4）右击圆角矩形，将其转化为可编辑样条线</td></tr>
<tr><td>（5）选择“顶点”子集，删除圆角处多余的顶点
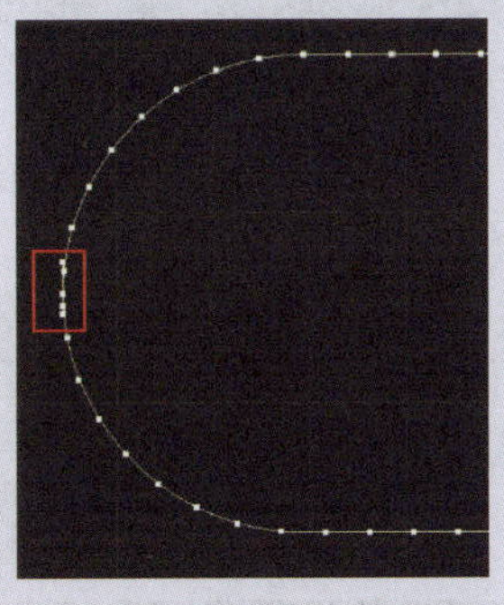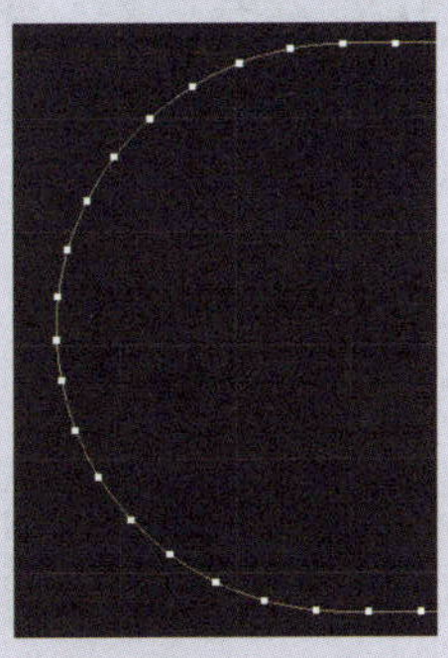</td></tr>
<tr><td>（6）选中矩形的一个顶点，在“几何体”卷展栏中单击“设为首顶点”按钮
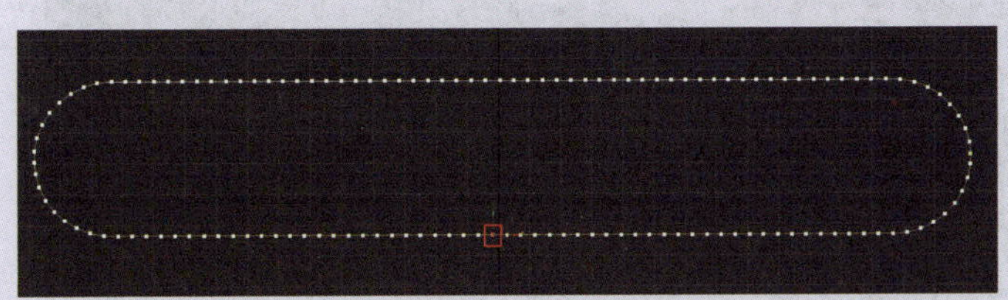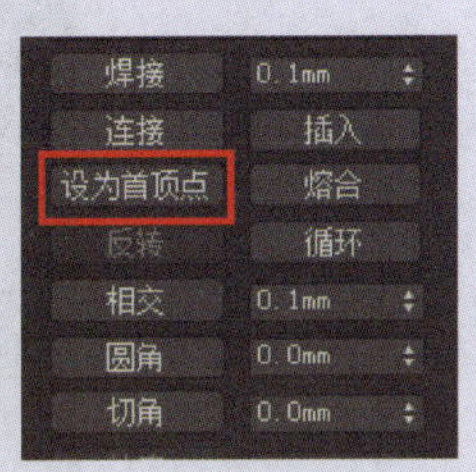
</td></tr>
<tr><td>（7）在顶视图中绘制一个平面，设置其长度为 40 mm，宽度为矩形的长度值，长度分段为 4，宽度分段为 500
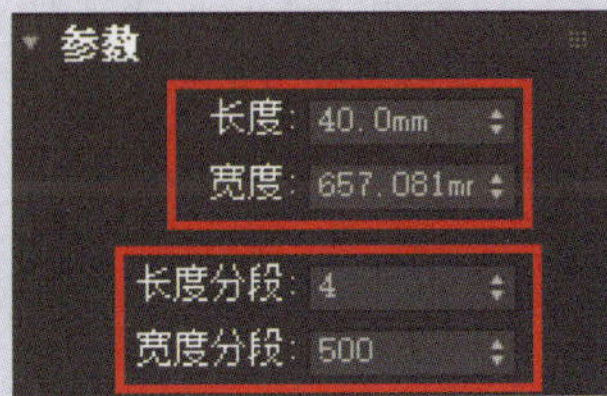
</td></tr>
<tr><td>（8）为平面加载“壳”修改器</td></tr>
</table>

续表

操作步骤	操作要点
制作传送带模型	（9）为平面加载“路径变形（WSM）”修改器。单击“拾取路径”按钮，选择矩形，在“路径变形轴”中选择 X，设其旋转为 90，单击“转到路径”按钮 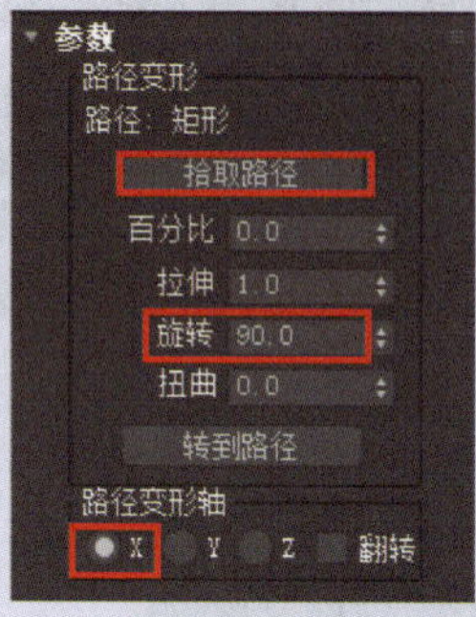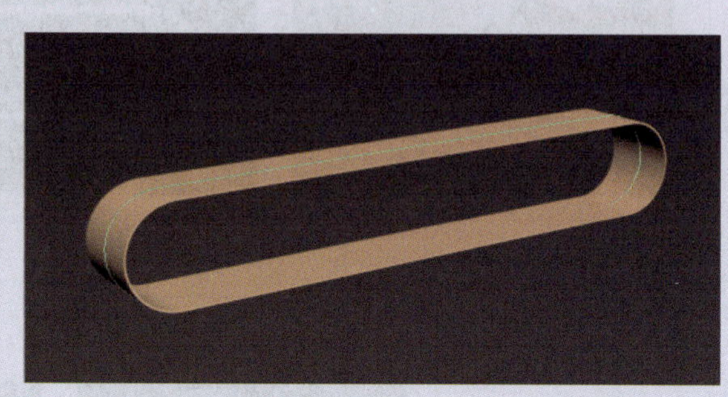
	（10）为平面添加一个材质。在“预设”中选择“橡皮”，在“常规贴图”中设置“基础颜色”，如下图所示 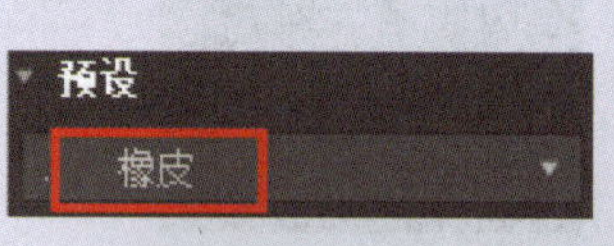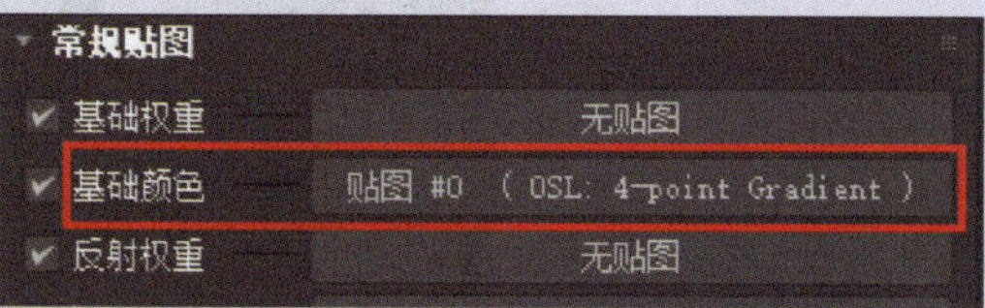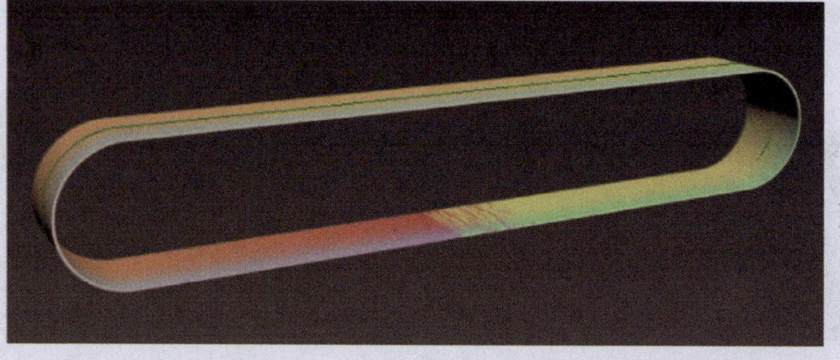
制作被传送物体模型	在右侧命令面板中执行“创建”→“几何体”→“窗”→“固定窗”命令，设置其高度为 40 mm，宽度为 60 mm，深度为 20 mm，修改对象的颜色，将对象重命名为“对象 1” 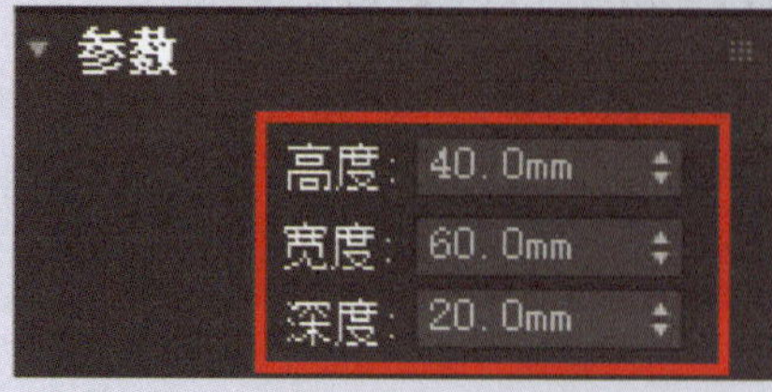

续表

<table>
<tr><th>操作步骤</th><th>操作要点</th></tr>
<tr><td rowspan="4">制作动画</td><td>（1）选择平面，单击“自动关键点”按钮，将时间滑块拖动至第 100 帧处，在“路径变形（WSM）”修改器的“参数”卷展栏中，设置百分比为 100</td></tr>
<tr><td>（2）选择“对象 1”，调整第 0 帧处的位置位于平面左侧
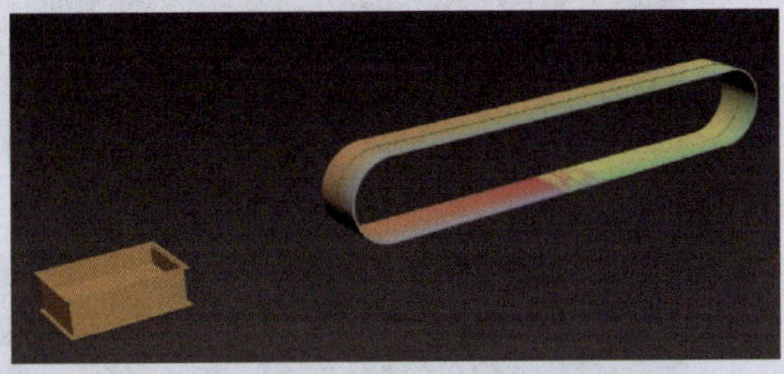</td></tr>
<tr><td>（3）单击“自动关键点”按钮，将时间滑块拖动至第 10 帧处，将“对象 1”的位置调整到平面上
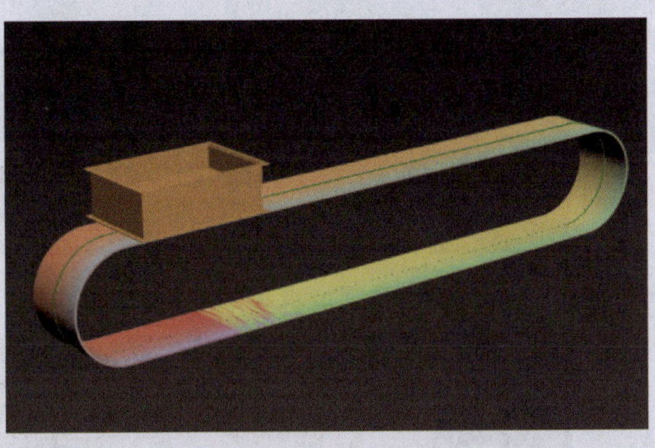</td></tr>
<tr><td>（4）在右侧面板中执行“运动”→“运动路径”命令，调整“对象 1”第 0 帧至第 10 帧的运动路径
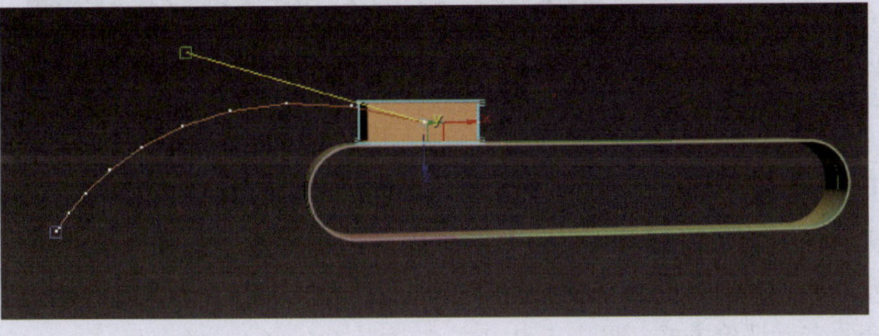</td></tr>
</table>

续表

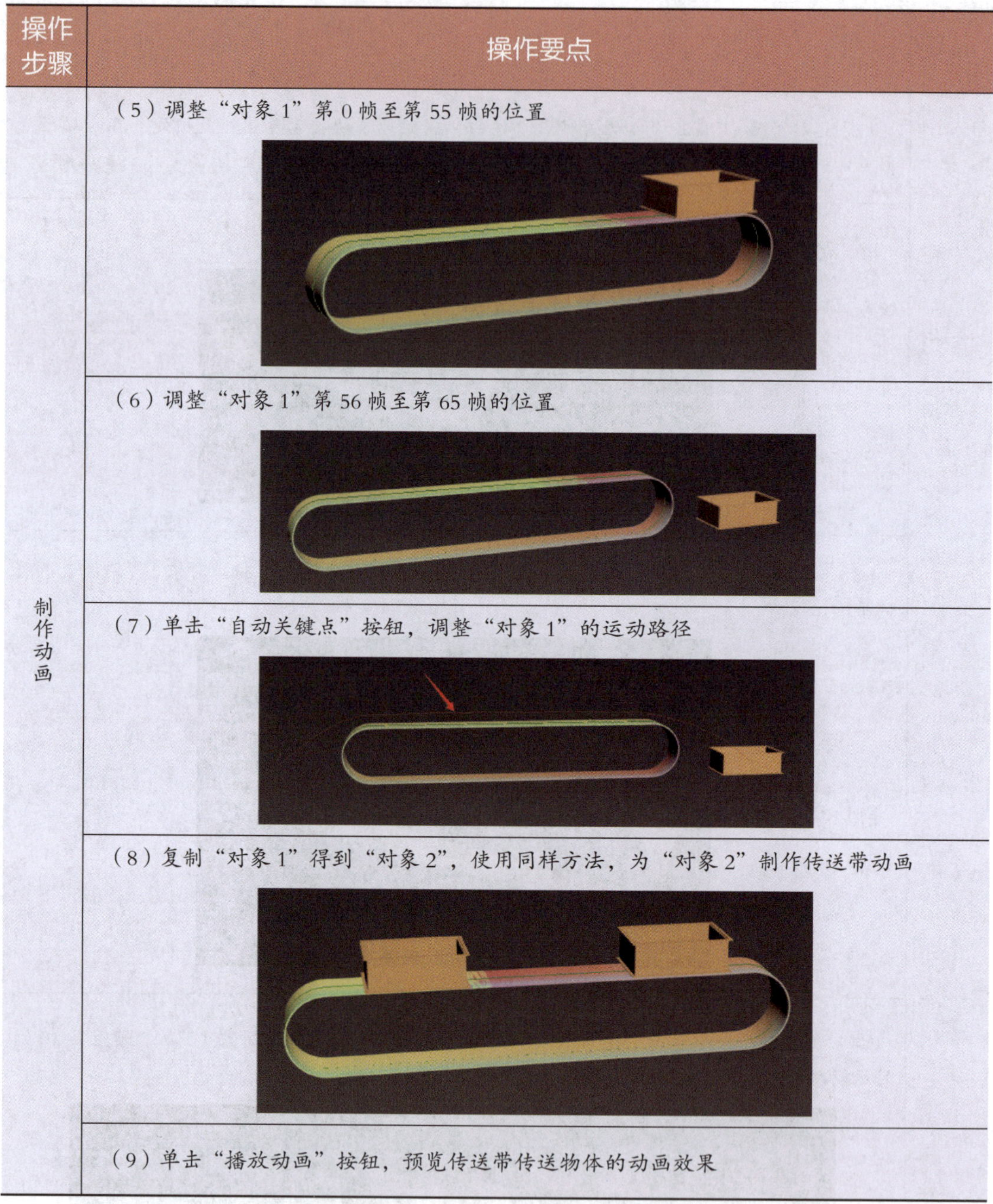

操作步骤	操作要点
制作动画	（5）调整“对象1”第0帧至第55帧的位置
	（6）调整“对象1”第56帧至第65帧的位置
	（7）单击“自动关键点”按钮，调整“对象1”的运动路径
	（8）复制“对象1”得到“对象2”，使用同样方法，为“对象2”制作传送带动画
	（9）单击“播放动画”按钮，预览传送带传送物体的动画效果

五、实训评价

实训任务完成后展示作品，并分享任务过程中的心得和体会，然后从学习过程、作品效果和作品展示等多方面进行实训评价，可采用学生自评、学生互评与教师评价相结合的多元评价方式，见表5-2-3。

表 5-2-3　实训评价表

序号	评价项目	评价要求	分值 / 分	学生自评（占比 30%）	学生互评（占比 30%）	教师评价（占比 40%）
1	自主复习	实训前能应用思维导图复习、总结学习过的内容	10			
2	制订计划	对实训任务的分析准确、到位、有明确可行的操作步骤	10			
3	任务实施及检查评估	1. 能制作传送带模型（25 分） 2. 能制作传送带动画（30 分） 3. 动画预览流畅自然（5 分）	60			
4	成果展示及学习心得交流	在成果展示与汇报时，能使用专业术语，表达准确、语言流畅、声音洪亮、普通话标准、仪态大方	10			
5	自主总结	能对实训后的收获进行梳理，总结收获与不足之处	5			
6	小组学习	能帮助小组内其他同学	5			
7	6S 规范	每发现 1 次不符合规范的操作扣 2 分；若违反安全操作规范，实训成绩计 0 分	—			
综合得分						

六、实训拓展

参考图 5-2-3，制作在黑板上写字的动画。

图 5-2-3　在黑板上写字动画效果图

效果视频

七、知识巩固与提高

1. 创建虚拟对象可以选择（　　）选项。

A. 几何体　　B. 图形　　C. 辅助对象　　D. 系统

2.“路径变形（WSM）”修改器参数中，（　　）参数用于设置对象沿路径的拉伸程度。

A. 百分比　　B. 拉伸　　C. 旋转　　D. 扭曲

3. 制作绳索拉伸与传送带转动动画时，可以在“路径变形（WSM）”修改器参数中设置（　　）。

A. 百分比　　B. 拉伸　　C. 旋转　　D. 扭曲

4. 使用“路径变形（WSM）”修改器时，首先需要（　　）。

A. 创建路径　　B. 设置路径变形轴　　C. 设置百分比　　D. 设置拉伸

5. 制作毛毛虫沿路径爬行动画时，设置好一个爬行动作后，可以在曲线编辑器中设置超出范围类型为（　　）。

A. 恒定　　B. 往复　　C. 线性　　D. 相对重复

实训任务 3　在喷泉场景中运用摄影机

一、实训任务

制作外景动画时，经常会利用摄影机动画来实现镜头的推拉摇移效果。本任务的内容就是制作一个利用摄影机全方位展示喷泉效果的动画，喷泉场景动画如图 5-3-1 所示。

图 5-3-1　喷泉场景动画效果图

效果视频

二、任务分析

导入素材后，分析场景中各个模型的组成。根据画面呈现的效果创建合适的摄影机，调整摄影机的参数与位置，通过设置路径约束调整摄影机目标点的位置实现摄影机动画效果。

结合以上分析，可绘制出本任务的实施过程和技术要点的思维导图，如图 5-3-2 所示。参照思维导图，复习教材中相应的知识点和技能点。

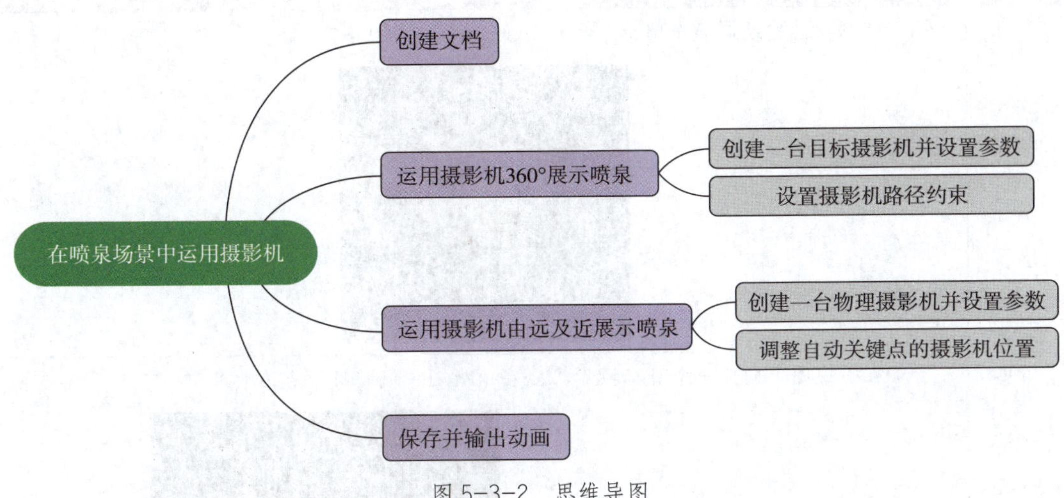

图 5-3-2　思维导图

三、制订计划

根据任务分析，制订完成本任务的实训计划，填入表 5-3-1 中。

表 5-3-1　实训计划

序号	工作内容	所需时间
1		
2		
3		
4		
5		
6		
7		
8		
9		
10		

四、操作步骤提示

参照表 5-3-2 所列的主要操作步骤和操作要点，制作摄影机在喷泉场景的运用动画。

表 5-3-2　主要操作步骤和操作要点

<table>
<tr><th>操作步骤</th><th>操作要点</th></tr>
<tr><td rowspan="5">运用摄影机 360° 展示喷泉</td><td>（1）在顶视图中绘制一个圆形，半径为 1 500 mm，调整其位置 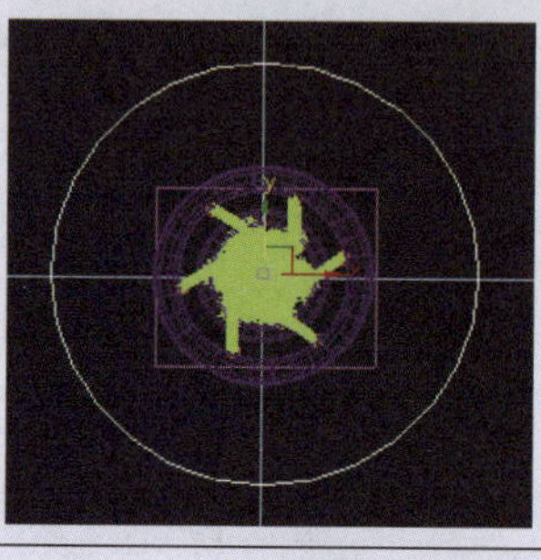</td></tr>
<tr><td>（2）在前视图中创建一个目标摄影机，在顶视图中调整目标点为喷泉中心 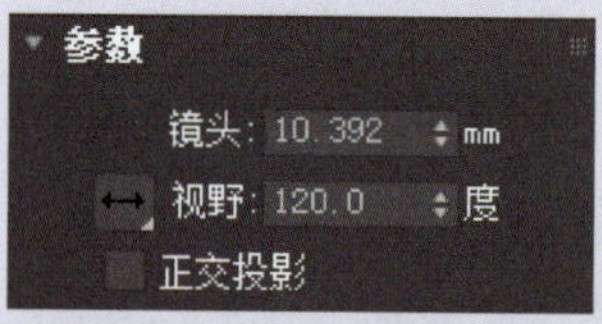 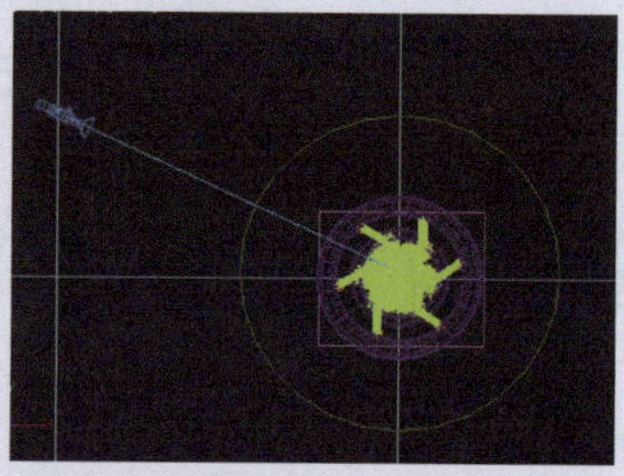</td></tr>
<tr><td>（3）选中目标摄影机，执行“动画”→“约束”→“路径约束”命令，选择圆形</td></tr>
<tr><td>（4）调整目标摄影机的镜头参数，使环绕画面更加直观</td></tr>
<tr><td>（5）切换到目标摄影机视图，预览动画效果</td></tr>
<tr><td>运用摄影机由远及近展示喷泉</td><td>（1）在前视图中创建一个物理摄影机，调整其位置，设置物理摄影机的镜头焦距等参数 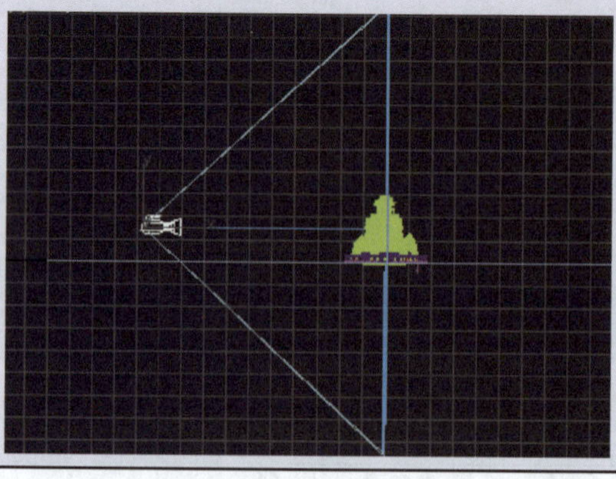</td></tr>
</table>

续表

操作步骤	操作要点
运用摄影机由远及近展示喷泉	（2）单击“自动关键点”按钮，将时间滑块拖至第 150 帧，调整物理摄影机的位置 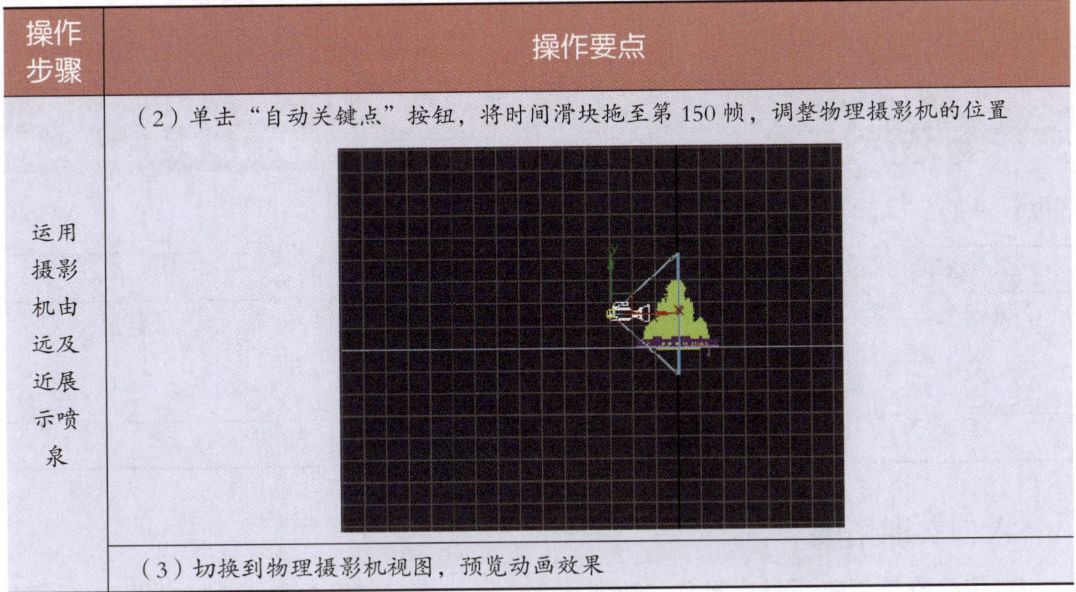
	（3）切换到物理摄影机视图，预览动画效果

五、实训评价

实训任务完成后展示作品，并分享任务过程中的心得和体会，然后从学习过程、作品效果和作品展示等多方面进行实训评价，可采用学生自评、学生互评与教师评价相结合的多元评价方式，见表 5-3-3。

表 5-3-3　实训评价表

序号	评价项目	评价要求	分值 / 分	学生自评（占比 30%）	学生互评（占比 30%）	教师评价（占比 40%）
1	自主复习	实训前能应用思维导图复习、总结学习过的内容	10			
2	制订计划	对实训任务的分析准确、到位、有明确可行的操作步骤	10			
3	任务实施及检查评估	1. 能制作摄影机环绕动画（30 分） 2. 能实现摄影机推拉画面效果（25 分） 3. 动画预览流畅自然（5 分）	60			
4	成果展示及学习心得交流	在成果展示与汇报时，能使用专业术语，表达准确、语言流畅、声音洪亮、普通话标准、仪态大方	10			

续表

序号	评价项目	评价要求	分值/分	学生自评（占比30%）	学生互评（占比30%）	教师评价（占比40%）
5	自主总结	能对实训后的收获进行梳理，总结收获与不足之处	5			
6	小组学习	能帮助小组内其他同学	5			
7	6S规范	每发现1次不符合规范的操作扣2分；若违反安全操作规范，实训成绩计0分	—			
综合得分						

六、实训拓展

运用摄影机创建一个从飘窗移动到茶几，再把画面定格在茶几处的特写镜头，效果如图5-3-3所示。

图5-3-3　卧室场景动画效果图

效果视频

七、知识巩固与提高

1. 可以按（　　）键快速切换至摄影机视图。

A. L　　B. T　　C. R　　D. C

2. 标准摄影机的类型有（　　）种。

A. 1　　B. 2　　C. 3　　D. 4

3. 创建一台物理摄影机后，需要调整镜头的焦距，可以在“（　　）”卷展栏中设置。

A. 基本　　B. 物理摄影机　　C. 曝光　　D. 散景

4.（　　）摄影机没有目标控制点。

A. 物理　　B. 目标

C. 自由　　D. 以上选项都不正确

5. 设置摄影机沿某条路径运动，需要使用（　　）约束。

A. 路径　　B. 注视　　C. 链接　　D. 方向

项目六
刚体动画

实训任务1　制作小球滑滑梯动画

一、实训任务

滑梯是常见的儿童娱乐设施。本任务的内容就是制作一个小球滑滑梯的动画，完成后的效果如图6-1-1所示。

图6-1-1　小球滑滑梯动画效果图

效果视频

二、任务分析

利用样条线的创建、“图形布尔”运算、加载“倒角剖面”修改器来创建螺旋滑梯模型，然后使用“MassFX工具”设置动力学刚体与静态刚体，烘焙帧动画，完成小球滑滑梯的动画效果。

结合以上分析，可绘制出本任务的实施过程和技术要点的思维导图，如图6-1-2所示。参照思维导图，复习教材中相应的知识点和技能点。

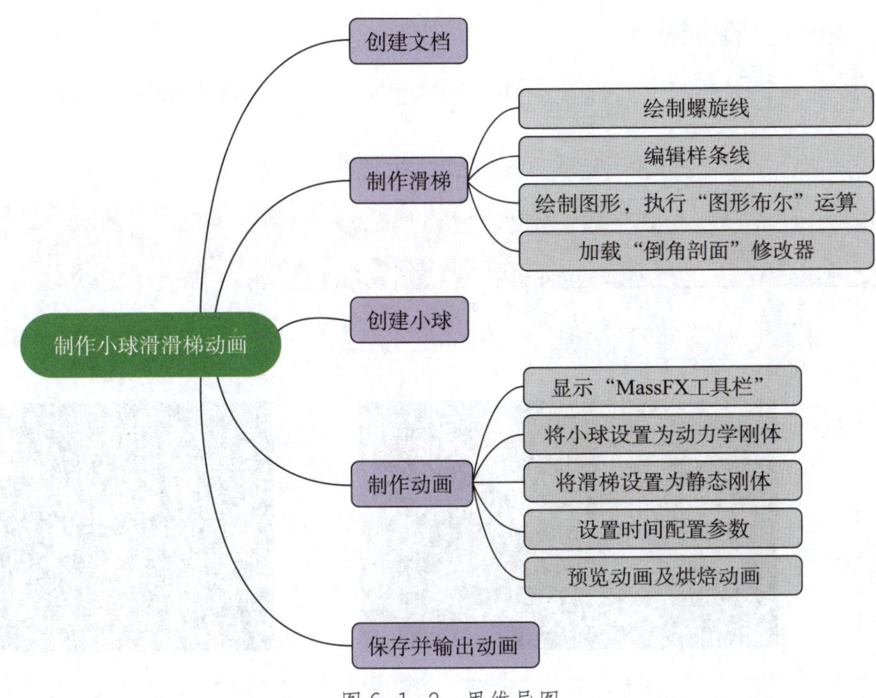

图 6-1-2　思维导图

三、制订计划

根据任务分析，制订完成本任务的实训计划，填入表 6-1-1 中。

表 6-1-1　实训计划

序号	工作内容	所需时间
1		
2		
3		
4		
5		
6		
7		
8		
9		
10		

四、操作步骤提示

参照表 6-1-2 所列的主要操作步骤和操作要点，制作小球滑滑梯动画。

表 6-1-2　主要操作步骤和操作要点

操作步骤		操作要点
制作滑梯	绘制螺旋线	在顶视图中绘制一条螺旋线，设其半径 1 为 2 000 mm，半径 2 为 2 000 mm，高度为 5 000 mm，圈数为 1.25 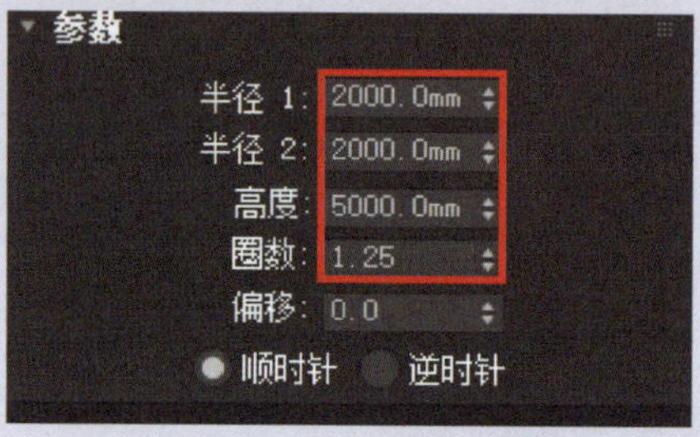
	编辑样条线	将螺旋线转化为可编辑样条线。选中螺旋线，单击右键，执行快捷菜单中的相关命令，将其转化为可编辑样条线，选中“顶点”子集，将螺旋线的首、尾处顶点，分别沿 X 轴和 Y 轴延长 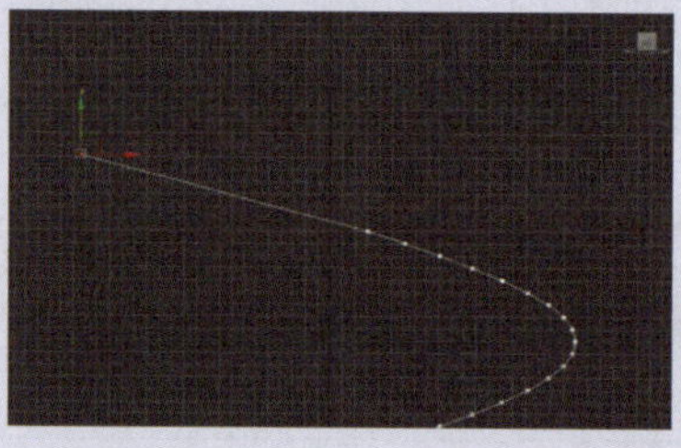 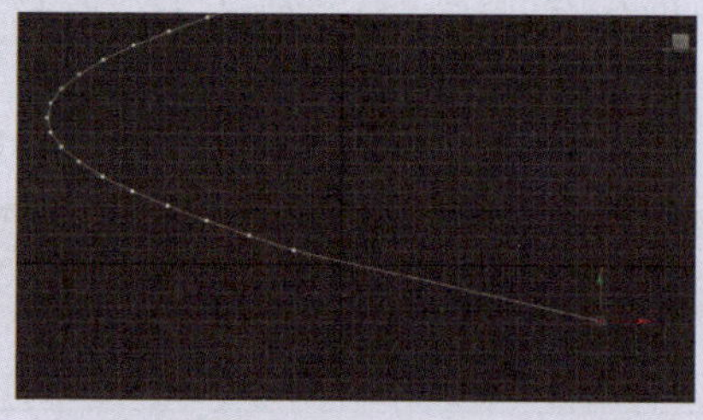
	绘制滑梯剖面	（1）在顶视图中创建一个圆环，设其半径 1 为 800 mm，半径 2 为 600 mm；再创建两个圆，设其半径为 100 mm；最后再创建一个矩形，设其长度为 810 mm，宽度为 1 800 mm。将以上图形组合，得到下图所示效果 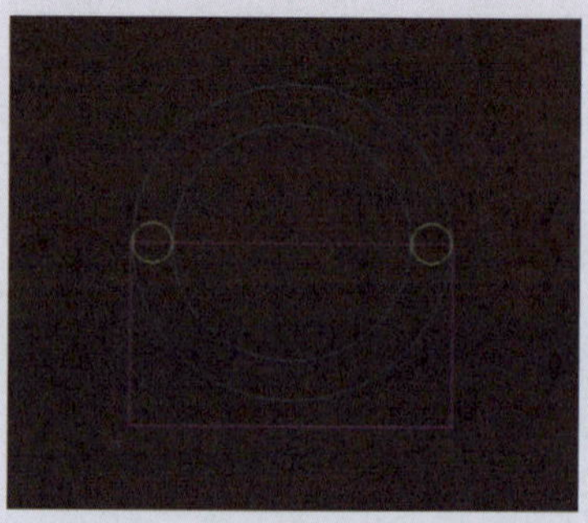

续表

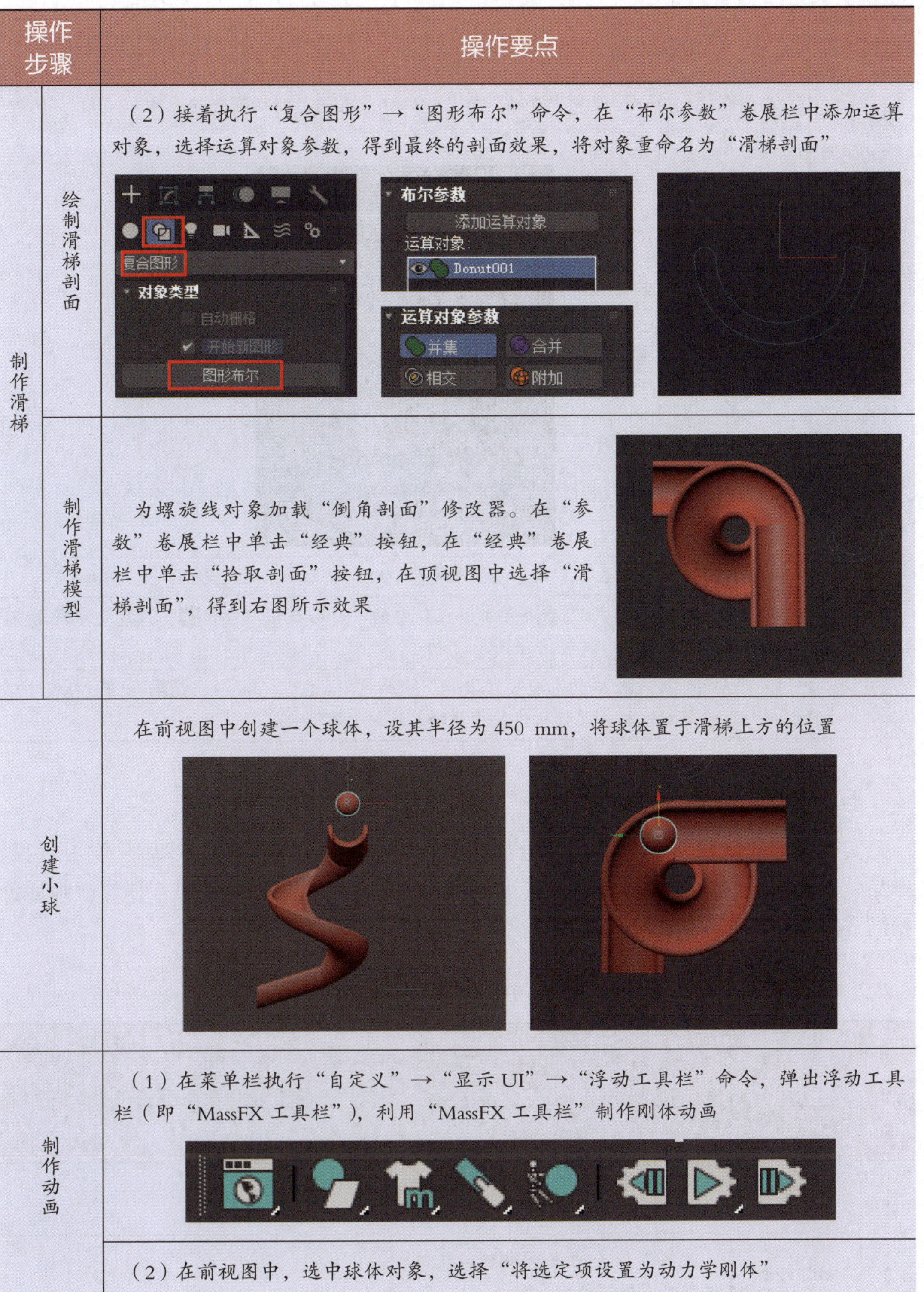

操作步骤		操作要点
制作滑梯	绘制滑梯剖面	（2）接着执行“复合图形”→“图形布尔”命令，在“布尔参数”卷展栏中添加运算对象，选择运算对象参数，得到最终的剖面效果，将对象重命名为“滑梯剖面”
	制作滑梯模型	为螺旋线对象加载“倒角剖面”修改器。在“参数”卷展栏中单击“经典”按钮，在“经典”卷展栏中单击“拾取剖面”按钮，在顶视图中选择“滑梯剖面”，得到右图所示效果
创建小球		在前视图中创建一个球体，设其半径为 450 mm，将球体置于滑梯上方的位置
制作动画		（1）在菜单栏执行“自定义”→“显示 UI”→“浮动工具栏”命令，弹出浮动工具栏（即“MassFX 工具栏”），利用“MassFX 工具栏”制作刚体动画
		（2）在前视图中，选中球体对象，选择“将选定项设置为动力学刚体”

续表

操作步骤	操作要点
制作动画	（3）在前视图中，选中“滑梯”对象，选择“将选定项设置为静态刚体”，在“物理图形”卷展栏中，设置“图形类型”为“原始的”
	（4）设置“时间配置”参数。设帧速率为 PAL，动画结束时间为 200
	（5）预览动画。单击“MassFX 工具栏”中的“开始模拟”按钮，预览小球滑滑梯动画效果
	（6）烘焙动画。单击“MassFX 工具栏”中的“MassFX 工具”按钮，打开“MassFX 工具栏”设置对话框，在模拟烘焙中选择“烘焙所有”

五、实训评价

实训任务完成后展示作品，并分享任务过程中的心得和体会，然后从学习过程、作品效果和作品展示等多方面进行实训评价，可采用学生自评、学生互评与教师评价相结合的多元评价方式，见表 6-1-3。

表 6-1-3　实训评价表

序号	评价项目	评价要求	分值 / 分	学生自评（占比 30%）	学生互评（占比 30%）	教师评价（占比 40%）
1	自主复习	实训前能应用思维导图复习、总结学习过的内容	10			
2	制订计划	对实训任务的分析准确、到位、有明确可行的操作步骤	10			

续表

序号	评价项目	评价要求	分值 / 分	学生自评（占比30%）	学生互评（占比30%）	教师评价（占比40%）
3	任务实施及检查评估	1. 能制作滑梯模型（25 分） 2. 能利用“MassFX 工具栏”制作小球滑滑梯动画（25 分） 3. 能烘焙动画（5 分） 4. 动画预览流畅自然（5 分）	60			
4	成果展示及学习心得交流	在成果展示与汇报时，能使用专业术语，表达准确、语言流畅、声音洪亮、普通话标准、仪态大方	10			
5	自主总结	能对实训后的收获进行梳理，总结收获与不足之处	5			
6	小组学习	能帮助小组内其他同学	5			
7	6S 规范	每发现 1 次不符合规范的操作扣 2 分；若违反安全操作规范，实训成绩计 0 分	—			
综合得分						

六、实训拓展

参考图 6-1-3，制作台球击球动画。

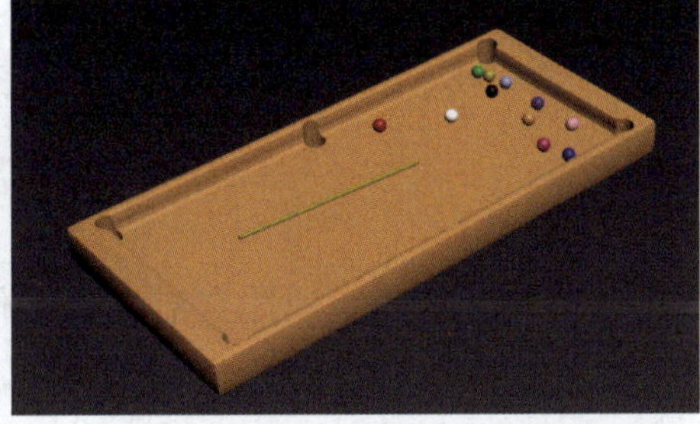

图 6-1-3　台球击球动画效果图

效果视频

七、知识巩固与提高

1. 在编辑样条线中，添加顶点可以采用（　　）方法。

A. 插入　　B. 焊接　　C. 连接　　D. 熔合

2.（　　）运算可以从一个对象中将另一个对象与其重合的部分挖去。

A. 并集　　B. 合并　　C. 相交　　D. 减去

3. 布尔运算无效是因为两个对象（　　）。

A. 表面不交叠　　B. 不交叠　　C. 表面交叠　　D. 以上选项都不对

4.（　　）命令不可以将二维图形转换为三维模型。

A. 挤出　　B. 噪波　　C. 倒角剖面　　D. 车削

5. 在小球滑滑梯动画中，需要将滑梯设置为（　　）类型。

A. 动力学刚体　　B. 运动学刚体　　C. 静态刚体　　D. 以上选项都不对

6. 在台球击球动画中，应将白色小球设置为（　　）类型。

A. 动力学刚体　　B. 运动学刚体　　C. 静态刚体　　D. 以上选项都不对

7. 制作动力学动画效果时，需要使用（　　）方式才能在动画控制器上播放动画效果。

A. 模拟　　B. 场景设置　　C. 烘焙　　D. 输出

8. 动力学的图形类型可以是（　　）。

A. 球面　　B. 胶囊　　C. 长方体　　D. 以上选项都可以

实训任务 2　制作投篮动画

一、实训任务

球类运动是学校里常见的一项体育活动，本任务的内容就是利用刚体动画模拟投篮运动效果，完成后的效果如图 6-2-1 所示。

图 6-2-1　投篮动画效果图

效果视频

二、任务分析

在本任务中，先要了解各个物体在动画中受到哪些力的作用，然后通过“MassFX 工具”的参数设置，设置不同物体的刚体属性，完成投篮动画的制作。

结合以上分析，可绘制出本任务的实施过程和技术要点的思维导图，如图 6-2-2 所示。参照思维导图，复习教材中相应的知识点和技能点。

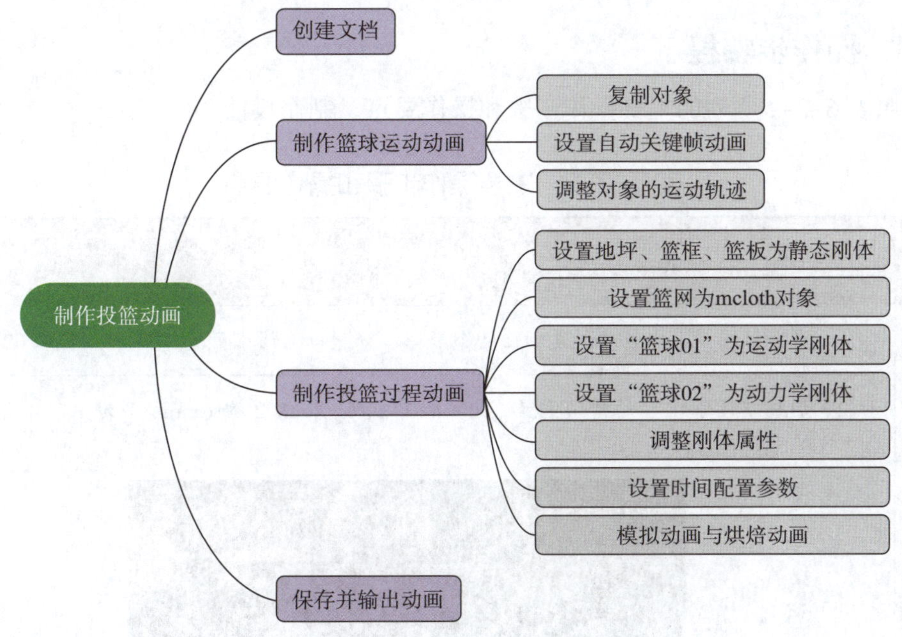

图 6-2-2　思维导图

三、制订计划

根据任务分析，制订完成本任务的实训计划，填入表 6-2-1 中。

表 6-2-1　实训计划

序号	工作内容	所需时间
1		
2		
3		
4		
5		
6		
7		
8		
9		
10		

四、操作步骤提示

参照表 6-2-2 所列的主要操作步骤和操作要点，制作投篮动画。

表 6-2-2　主要操作步骤和操作要点

操作步骤	操作要点
制作篮球运动动画	（1）在顶视图中选中篮球，复制出两个篮球，分别命名为“篮球 01”和“篮球 02”
	（2）调整“篮球 01”的初始位置，设置世界坐标，X 为 2 000 mm，Y 为 −3 000 mm，Z 为 1 200 mm 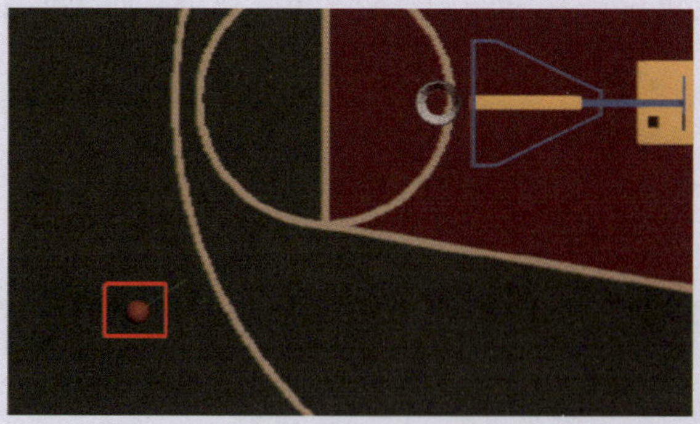

续表

<table>
<tr><th>操作步骤</th><th>操作要点</th></tr>
<tr><td rowspan="2">制作篮球运动动画</td><td>（3）单击“自动关键点”按钮，拖动时间滑块至第 11 帧处，调整“篮球 01”的世界坐标，X 为 2 557 mm，Y 为 −2 665 mm，Z 为 2 410 mm（该坐标仅供参考）
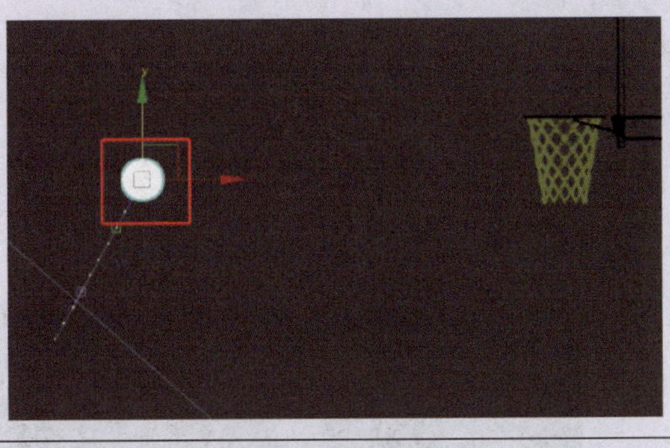</td></tr>
<tr><td>（4）右击“篮球 01”，选择“显示运动路径”，选中“篮球 001”的运动轨迹，拖动运动轨迹的各个控制点，使其运动轨迹自然且有一定的弧度
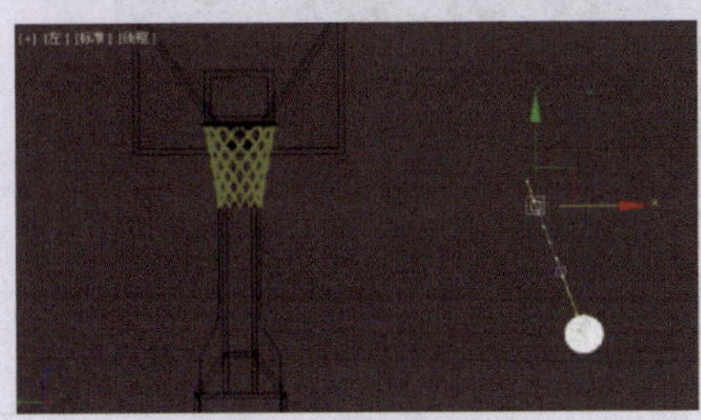 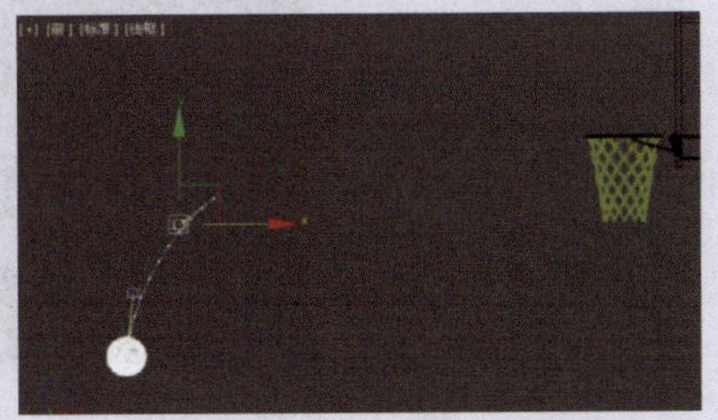</td></tr>
<tr><td rowspan="3">制作投篮过程动画</td><td>（1）在顶视图中选中“地坪”对象，使用“MassFX 工具”将“地坪”设置为静态刚体，在“物理材质”卷展栏中，设置反弹力为 1，其他参数保持不变</td></tr>
<tr><td>（2）使用同样的方法将场景中的其他静态物体设置为静态刚体，如设置篮筐、篮板为静态刚体</td></tr>
<tr><td>（3）选中“篮网”对象，单击“MassFX 工具”中的“将选定对象设置为 mCloth 对象”按钮，选中 mCloth 的“顶点”子集，选中下图所示的顶点
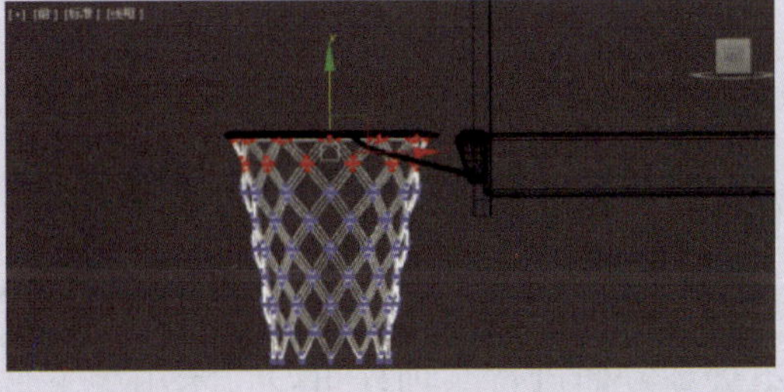
在“软选择”卷展栏中，勾选“使用软选择”复选框，修改衰减为 1 800；在“组”卷展栏中，单击“设定组”按钮，将组重命名为“篮网顶点”；单击约束中的“节点”按钮，选中“篮框”对象，将“篮网顶点”节点设置到“篮筐”，其他参数设置保持不变</td></tr>
</table>

续表

<table>
<tr><th>操作步骤</th><th>操作要点</th></tr>
<tr><td rowspan="7">制作投篮过程动画</td><td>（4）选择“篮球 01”对象，将对象设置为运动学刚体，在“刚体属性”卷展栏中，勾选“直到帧”复选框，输入 11；在“物理材质”卷展栏中，设置“反弹力”为 0.3，其他参数设置保持不变</td></tr>
<tr><td>（5）单击“MassFX 工具栏”中的“开始模拟”按钮，预览“篮球 01”动画</td></tr>
<tr><td>（6）移动“篮球 02”至“篮网”正上方 </td></tr>
<tr><td>（7）将“篮球 02”对象设置为动力学刚体</td></tr>
<tr><td>（8）单击“MassFX 工具栏”中的“开始模拟”按钮，预览“篮球 02”自由落体的运动效果</td></tr>
<tr><td>（9）设置帧速率为 PAL，动画结束时间为 400</td></tr>
<tr><td>（10）使用“MassFX 工具栏”中的“模拟工具”，选择“烘焙所有”按钮</td></tr>
</table>

五、实训评价

实训任务完成后展示作品，并分享任务过程中的心得和体会，然后从学习过程、作品效果和作品展示等多方面进行实训评价，可采用学生自评、学生互评与教师评价相结合的多元评价方式，见表 6-2-3。

表 6-2-3　实训评价表

序号	评价项目	评价要求	分值 / 分	学生自评（占比 30%）	学生互评（占比 30%）	教师评价（占比 40%）
1	自主复习	实训前能应用思维导图复习、总结学习过的内容	10			
2	制订计划	对实训任务的分析准确、到位、有明确可行的操作步骤	10			
3	任务实施及检查评估	1. 能制作篮球运动动画（15 分） 2. 能制作投篮动画（35 分） 3. 能烘焙动画（5 分） 4. 动画预览流畅自然（5 分）	60			
4	成果展示及学习心得交流	在成果展示与汇报时，能使用专业术语，表达准确、语言流畅、声音洪亮、普通话标准、仪态大方	10			
5	自主总结	能对实训后的收获进行梳理，总结收获与不足之处	5			
6	小组学习	能帮助小组内其他同学	5			
7	6S 规范	每发现 1 次不符合规范的操作扣 2 分；若违反安全操作规范，实训成绩计 0 分	—			
		综合得分				

六、实训拓展

参考图 6-2-3，制作物体从布上散落的动画。

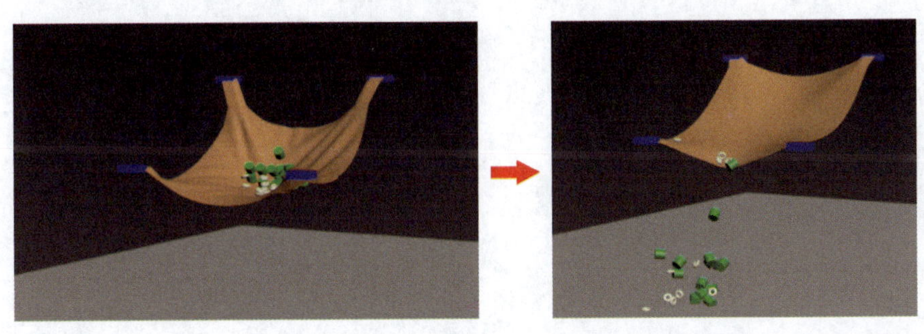

图 6-2-3　物体从布上散落动画效果图

效果视频

七、知识巩固与提高

1. 刚体有（　　）种类型。

A. 2　　B. 3　　C. 4　　D. 5

2. 以下关于 3ds Max 的放样功能，说法正确的是（　　）。

A. 放样中的截面图形必须全部相同，不能有任何差异

B. 放样中的截面图形可以相同，也可以不同，这取决于用户想要创建的三维形状

C. 放样中的截面图形必须全部不同，以创建独特的三维形状

D. 放样功能不支持使用截面图形，应使用其他方式来定义三维形状

3. “挤出”修改器用于将（　　）添加到图形对象中，并使其成为一个参数对象。

A. 深度　　B. 颜色　　C. 纹理　　D. 光照

4. 将对象设置为 mCloth 对象后，在“（　　）”卷展栏中可以设置对象的弯曲度、刚度等参数。

A. 高级　　B. 撕裂

C. 体积特性　　D. 纺织品物理特性

5. 制作抱枕模型时，需要先将长方体设置为（　　），然后再模拟得到模型。

A. 运动学刚体　　B. 动力学刚体　　C. 静态刚体　　D. mCloth 对象

项目七
粒子动画

实训任务 1　制作禁烟宣传动画

一、实训任务

烟雾动画是动画制作中常用到的粒子动画效果。本任务的内容就是利用烟雾动画，为某电影场景添加一段禁烟宣传的特效场景镜头，完成后的效果如图 7–1–1 所示。

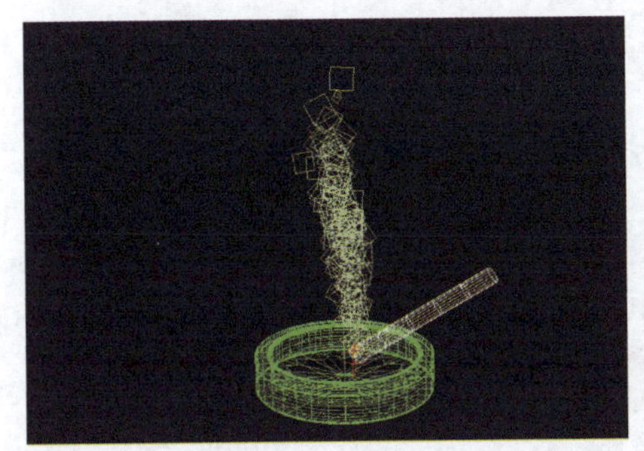

图 7–1–1　禁烟宣传动画效果图

效果视频

二、任务分析

在本任务中，通过粒子系统的创建，使用“超级喷射”模拟香烟燃烧的动态效果，再通过材质贴图还原香烟燃烧的质感，完成禁烟宣传动画的制作。

结合以上分析，可绘制出本任务的实施过程和技术要点的思维导图，如图 7–1–2 所示。参照思维导图，复习教材中相应的知识点和技能点。

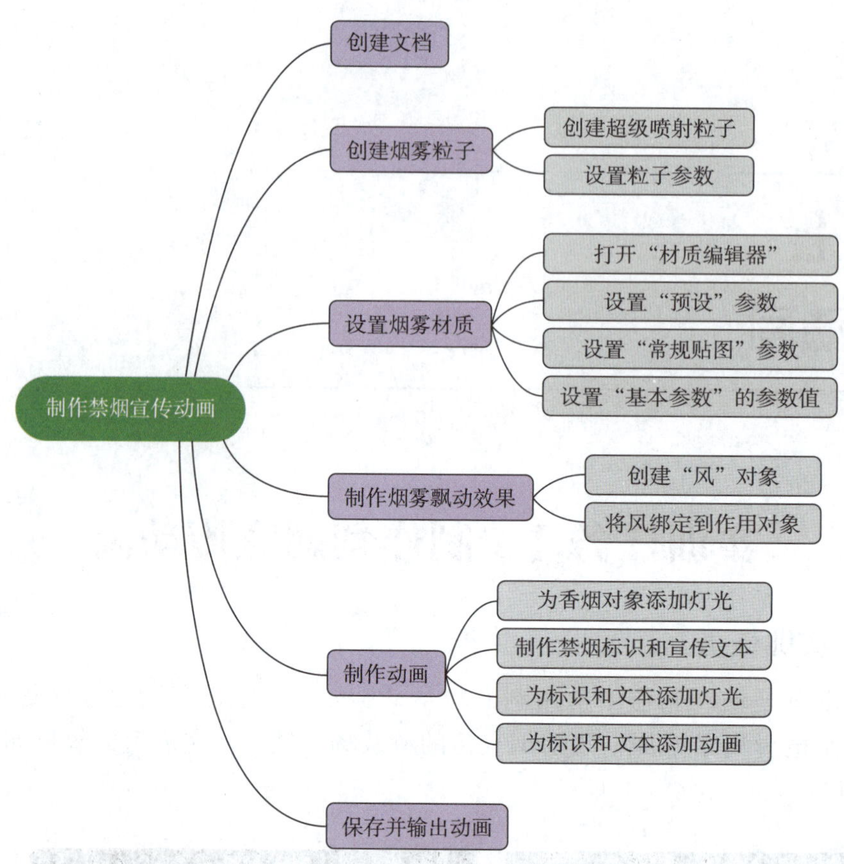

图7-1-2 思维导图

三、制订计划

根据任务分析，制订完成本任务的实训计划，填入表7-1-1中。

表7-1-1 实训计划

序号	工作内容	所需时间
1		
2		
3		
4		
5		
6		
7		
8		
9		
10		

四、操作步骤提示

参照表 7-1-2 所列的主要操作步骤和操作要点，完成禁烟宣传动画的制作。

表 7-1-2　主要操作步骤和操作要点

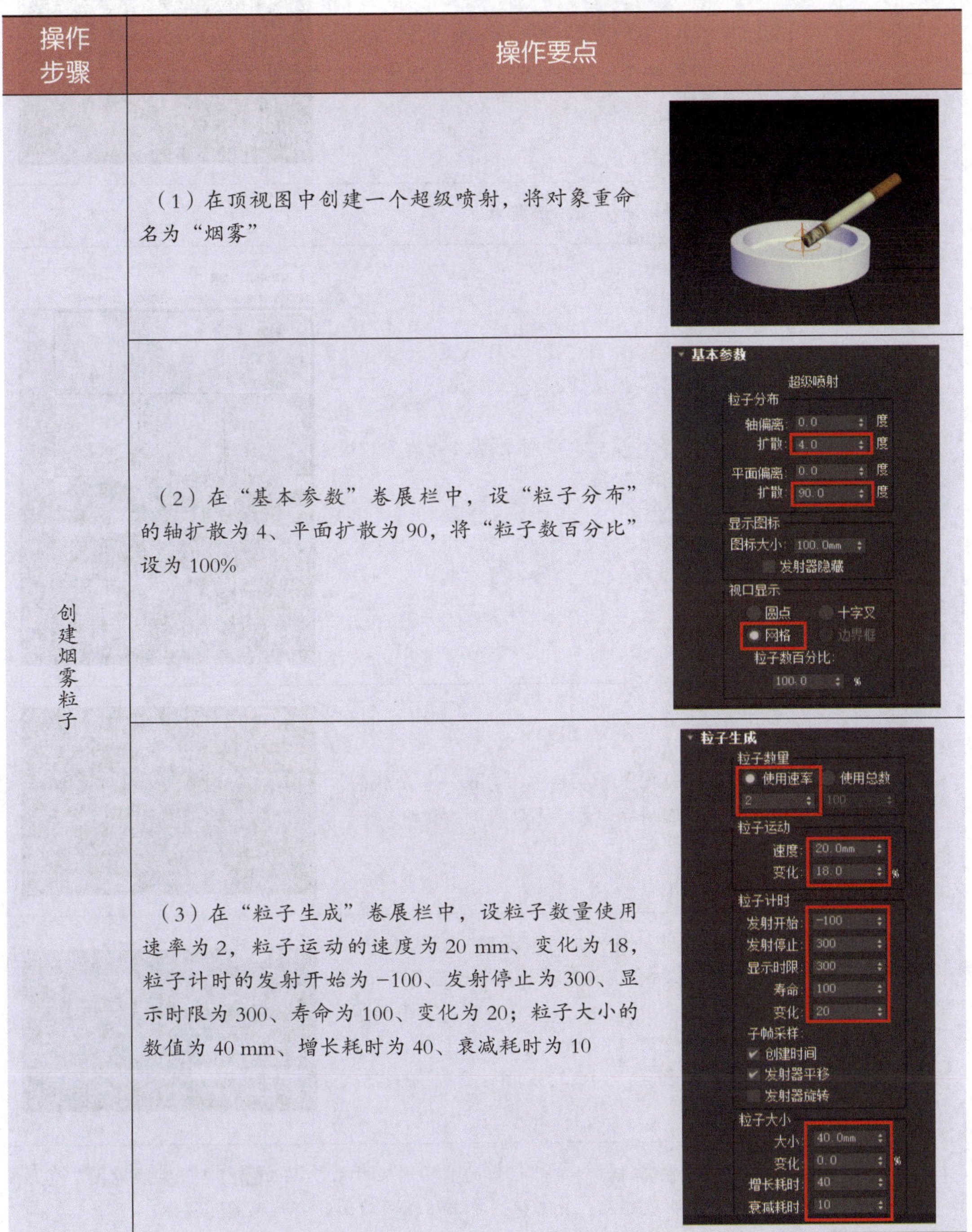

操作步骤	操作要点
创建烟雾粒子	（1）在顶视图中创建一个超级喷射，将对象重命名为“烟雾”
	（2）在“基本参数”卷展栏中，设“粒子分布”的轴扩散为 4、平面扩散为 90，将“粒子数百分比”设为 100%
	（3）在“粒子生成”卷展栏中，设粒子数量使用速率为 2，粒子运动的速度为 20 mm、变化为 18，粒子计时的发射开始为 −100、发射停止为 300、显示时限为 300、寿命为 100、变化为 20；粒子大小的数值为 40 mm、增长耗时为 40、衰减耗时为 10

续表

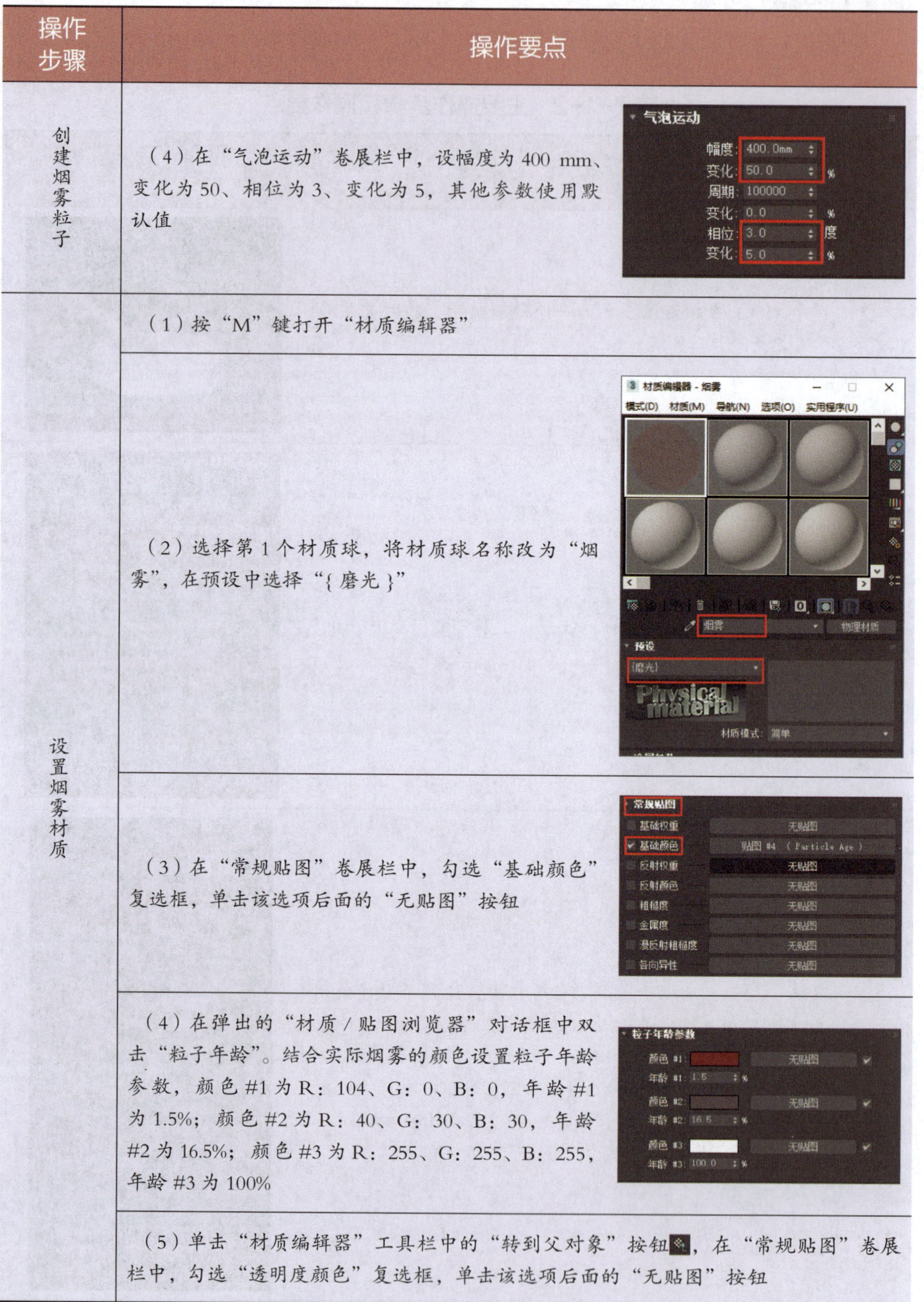

操作步骤	操作要点
创建烟雾粒子	（4）在“气泡运动”卷展栏中，设幅度为 400 mm、变化为 50、相位为 3、变化为 5，其他参数使用默认值
设置烟雾材质	（1）按“M”键打开“材质编辑器”
	（2）选择第 1 个材质球，将材质球名称改为“烟雾”，在预设中选择“{ 磨光 }”
	（3）在“常规贴图”卷展栏中，勾选“基础颜色”复选框，单击该选项后面的“无贴图”按钮
	（4）在弹出的“材质 / 贴图浏览器”对话框中双击“粒子年龄”。结合实际烟雾的颜色设置粒子年龄参数，颜色 #1 为 R：104、G：0、B：0，年龄 #1 为 1.5%；颜色 #2 为 R：40、G：30、B：30，年龄 #2 为 16.5%；颜色 #3 为 R：255、G：255、B：255，年龄 #3 为 100%
	（5）单击“材质编辑器”工具栏中的“转到父对象”按钮，在“常规贴图”卷展栏中，勾选“透明度颜色”复选框，单击该选项后面的“无贴图”按钮

续表

操作步骤	操作要点
设置烟雾材质	（6）在弹出的“材质/贴图浏览器”对话框中双击“衰减”选项。修改衰减参数，单击“交换颜色/贴图”按钮，将颜色对调；继续将“衰减类型”修改为“Fresnel”，其他参数使用默认值 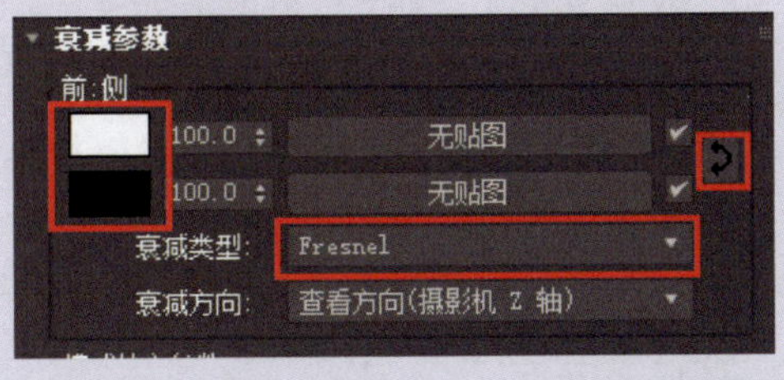
	（7）单击“材质编辑器”工具栏中的“转到父对象”按钮，在“常规贴图”卷展栏中选中“基础颜色”选项后面的“贴图 #4”按钮，在其上右击，选择“复制”
	（8）继续在“常规贴图”卷展栏中勾选“发射颜色”复选框，右击该选项后面的“无贴图”按钮，在弹出的菜单中单击“粘贴（实例）”按钮，粘贴完成后的界面如右图所示 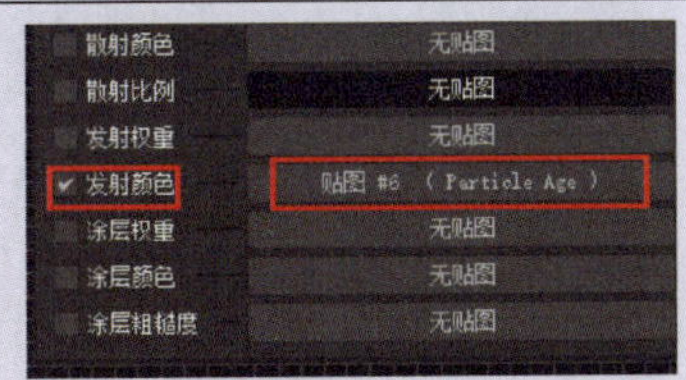
	（9）在“基本参数”卷展栏中，设 IOR 为 1、透明度为 0.9、发射为 0.01 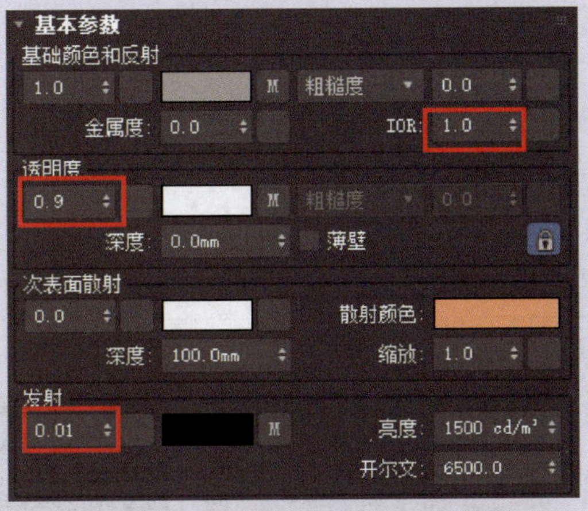
	（10）选中场景中的“烟雾”对象，然后单击“转到父对象”按钮，将当前材质指定给选定的对象
制作烟雾飘动效果	（1）在左视图中，创建风对象

续表

操作步骤		操作要点
制作烟雾飘动效果		（2）在“参数”卷展栏中，设力的强度为0.04、衰退为0.02，选择“平面”选项，设风力的湍流为0.04、频率为0.02、比例为1 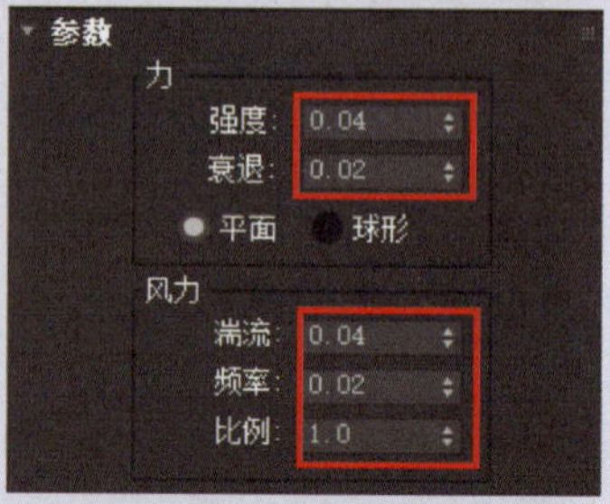
		（3）单击工具栏中的“绑定到空间扭曲”工具，将风对象绑定到“烟雾”对象上 
制作禁烟标识动画	为“香烟”对象添加灯光	在顶视图中创建一个“光度学”中的“目标灯光”，设其强度为6 500，调整其位置至香烟斜上方
	制作禁烟标识	（1）导入素材文件夹中的“禁烟标识.ai”文件
		（2）导入过程中选择“合并对象到当前场景”，并将图形导入为“单个对象”
		（3）为“禁烟标识”对象添加“UVW贴图”，并修改对象颜色为红色 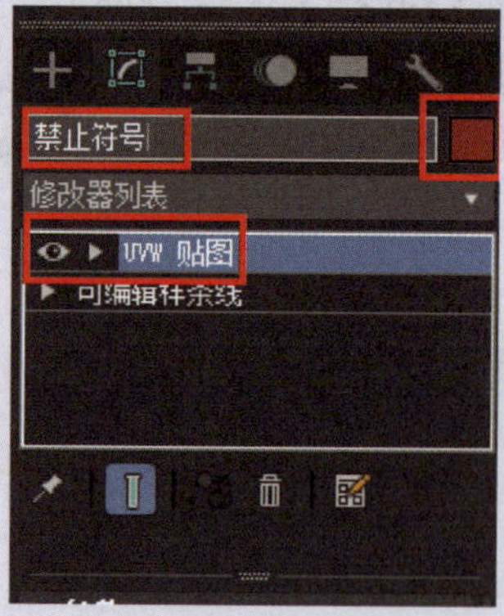 

续表

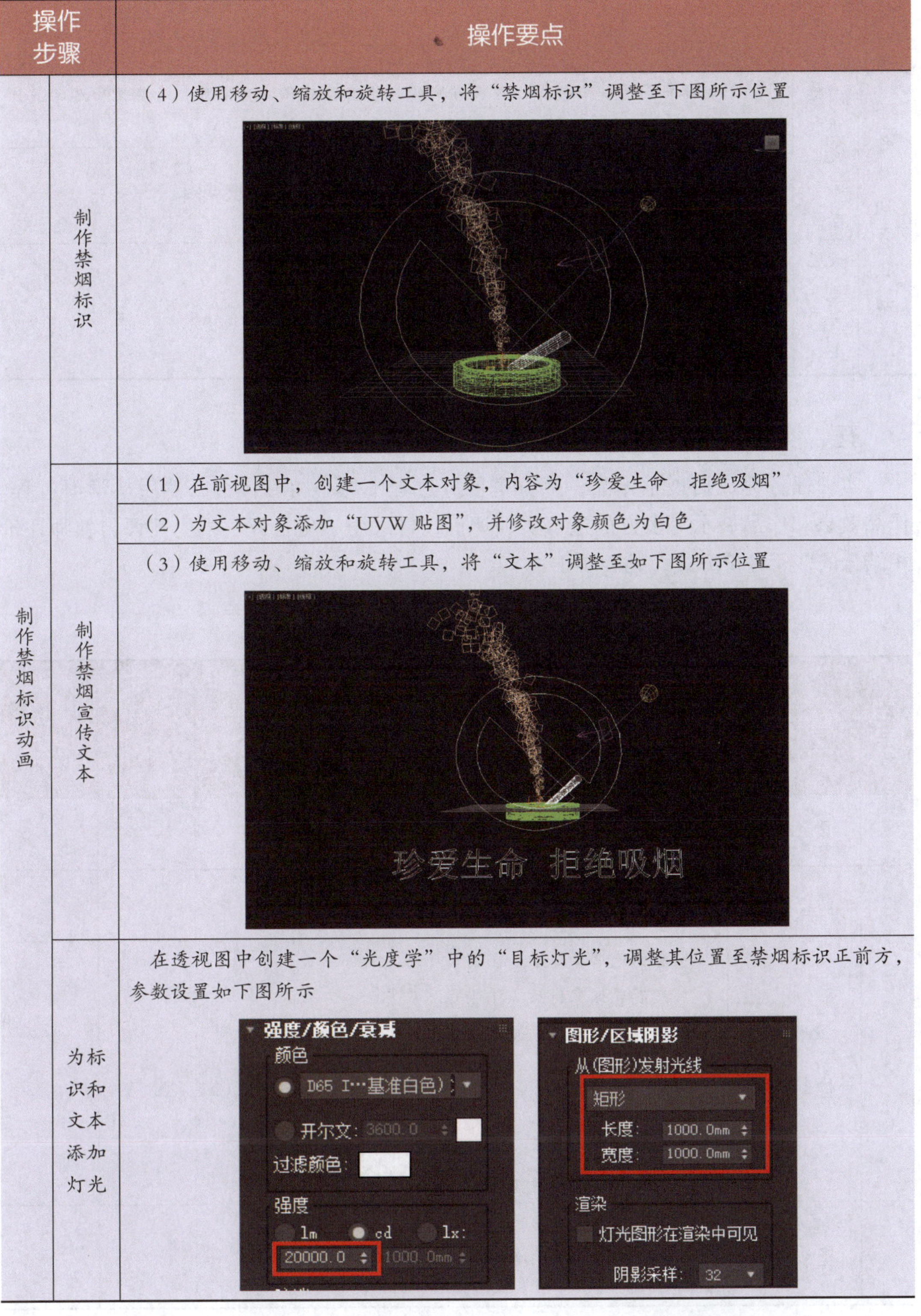

操作步骤		操作要点
制作禁烟标识动画	制作禁烟标识	（4）使用移动、缩放和旋转工具，将“禁烟标识”调整至下图所示位置
	制作禁烟宣传文本	（1）在前视图中，创建一个文本对象，内容为“珍爱生命　拒绝吸烟”
		（2）为文本对象添加“UVW 贴图”，并修改对象颜色为白色
		（3）使用移动、缩放和旋转工具，将“文本”调整至如下图所示位置
	为标识和文本添加灯光	在透视图中创建一个“光度学”中的“目标灯光”，调整其位置至禁烟标识正前方，参数设置如下图所示

续表

操作步骤		操作要点
制作禁烟标识动画	为标识和文本添加动画	（1）切换自动关键点模式，在第 0 帧处，使用移动和缩放工具，对符号和文字进行缩放和移动
		（2）移动时间滑块至第 50 帧处，使用移动和缩放工具，将符号和文字放大
	设置“时间配置”参数	设帧速率为 PAL，动画结束时间为 200

五、实训评价

实训任务完成后展示作品，并分享任务过程中的心得和体会，然后从学习过程、作品效果和作品展示等多方面进行实训评价，可采用学生自评、学生互评与教师评价相结合的多元评价方式，见表 7–1–3。

表 7–1–3　实训评价表

序号	评价项目	评价要求	分值 / 分	学生自评（占比 30%）	学生互评（占比 30%）	教师评价（占比 40%）
1	自主复习	实训前能应用思维导图复习、总结学习过的内容	10			
2	制订计划	对实训任务的分析准确、到位、有明确可行的操作步骤	10			
3	任务实施及检查评估	1. 能创建烟雾粒子（10 分） 2. 能设置烟雾材质（10 分） 3. 能制作烟雾飘动效果（15 分） 4. 能制作禁烟标识和文本动画（15 分） 5. 能添加灯光效果（5 分） 6. 动画预览流畅自然（5 分）	60			
4	成果展示及学习心得交流	在成果展示与汇报时，能使用专业术语，表达准确、语言流畅、声音洪亮、普通话标准、仪态大方	10			

续表

序号	评价项目	评价要求	分值/分	学生自评（占比30%）	学生互评（占比30%）	教师评价（占比40%）
5	自主总结	能对实训后的收获进行梳理，总结收获与不足之处	5			
6	小组学习	能帮助小组内其他同学	5			
7	6S 规范	每发现 1 次不符合规范的操作扣 2 分；若违反安全操作规范，实训成绩计 0 分	—			
综合得分						

六、实训拓展

参考图 7-1-3，制作火山喷发动画。

图 7-1-3　火山喷发动画效果图

效果视频

七、知识巩固与提高

1. 超级喷射在“(　　)”选项中创建。

A. 几何体　　B. 图形　　C. 辅助对象　　D. 空间扭曲

2. 设置粒子在视口中的显示方式，如圆点、十字叉等，可在“(　　)”卷展栏中完成。

A. 粒子繁殖　　B. 粒子类型　　C. 粒子生成　　D. 基本参数

3. 粒子发射开始时间（　　）。

A. 为第 0 帧　　B. 可以是负数

C. 一定是正数　　D. 以上选项都不对

4. 制作模拟降雪或投撒纸屑等动画效果，可以选择（　　）粒子系统类型。

A. 喷射　　B. 雪　　C. 超级喷射　　D. 粒子云

5. 粒子系统的发射器可以（　　）。

A. 设置宽度　　B. 设置长度　　C. 设置隐藏　　D. 以上选项都对

实训任务 2　制作蒲公英飞舞动画

一、实训任务

蒲公英成熟后，一阵风吹过，种子漫天飞舞，形成一道美丽的景观。本任务的内容就是制作一个蒲公英飞舞的动画场景，完成后的效果如图 7-2-1 所示。

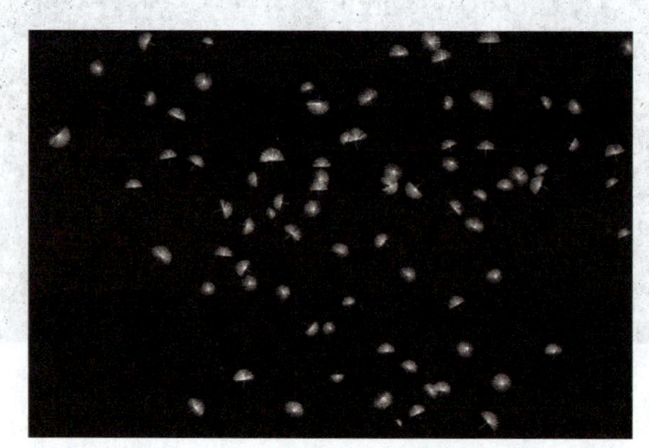

图 7-2-1　蒲公英飞舞动画效果图

效果视频

二、任务分析

在本任务中，通过将标准基本体中的“几何球体”转换为可编辑多边形，设置相关参数得到蒲公英模型，再通过创建粒子流源与编辑粒子视图，制作蒲公英飞舞的动画效果。

结合以上分析，可绘制出本任务的实施过程和技术要点的思维导图，如图 7-2-2 所示。参照思维导图，复习教材中相应的知识点和技能点。

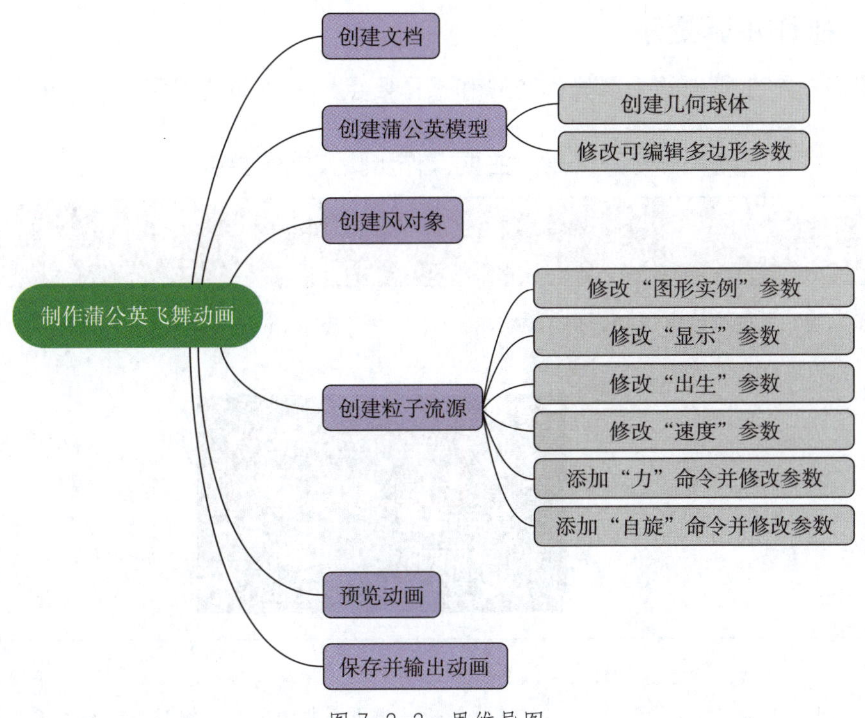

图 7-2-2　思维导图

三、制订计划

根据任务分析，制订完成本任务的实训计划，填入表 7-2-1 中。

表 7-2-1　实训计划

序号	工作内容	所需时间
1		
2		
3		
4		
5		
6		
7		
8		
9		
10		

四、操作步骤提示

参照表 7-2-2 所列的主要操作步骤和操作要点，完成蒲公英飞舞动画的制作。

表 7-2-2　主要操作步骤和操作要点

操作步骤	操作要点
创建蒲公英模型	（1）在顶视图中绘制一个几何球体，设其半径为 40 mm，分段为 4，将对象的颜色设为白色，将对象重命名为“蒲公英” 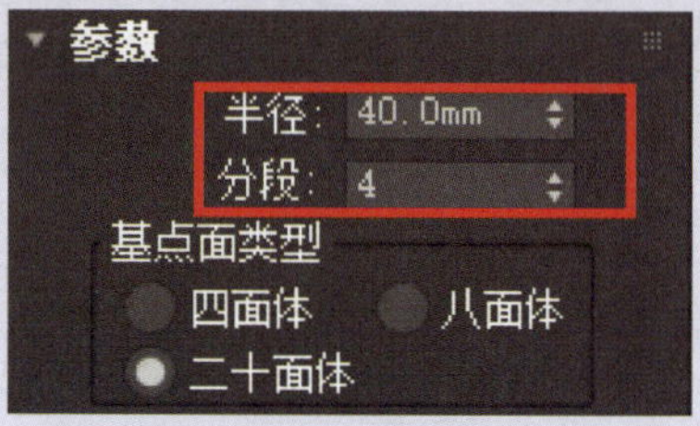 参数 半径：40.0mm 分段：4 基点面类型 四面体 八面体 二十面体
	（2）右击“蒲公英”对象，执行“转换为”→“转换为可编辑多边形”命令。在修改面板中，选择“多边形”子集，在前视图中选中下图所示区域，按 Delete 键删除 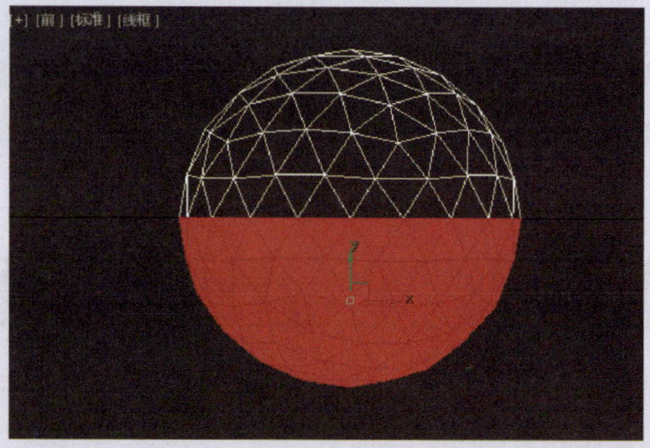 [+] [前] [标准] [线框]
	（3）选择“边界”子集，选中下方左图所示区域，按住 Shift 键沿 Y 轴向下移动，得到下方右图所示效果 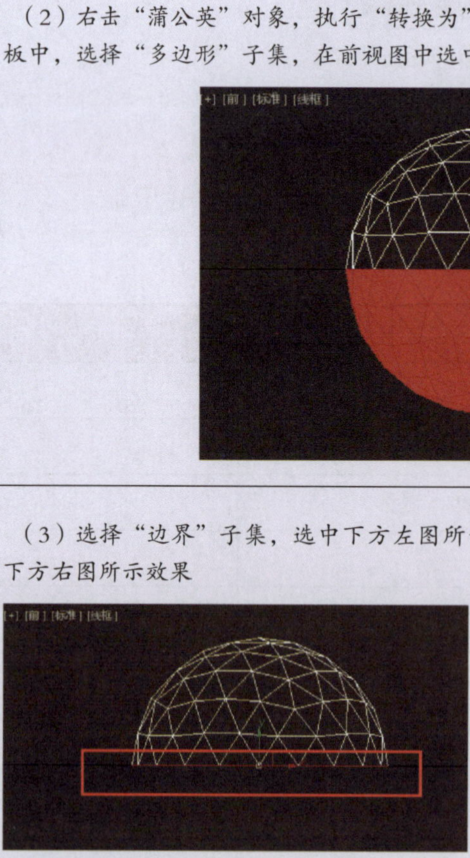 [+] [前] [标准] [线框] 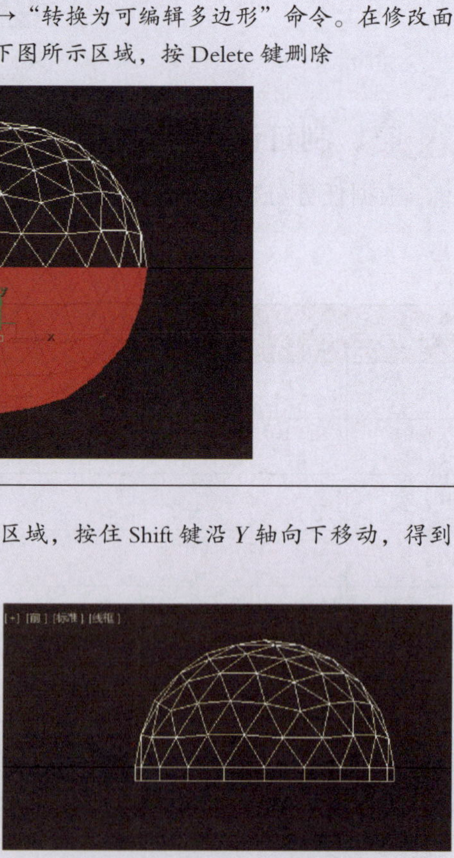 [+] [前] [标准] [线框]

续表

<table>
<tr><th>操作步骤</th><th>操作要点</th></tr>
<tr><td rowspan="2">创建蒲公英模型</td><td>（4）选择“顶点”子集，选择顶点，在“编辑顶点”卷展栏中设置“切角”
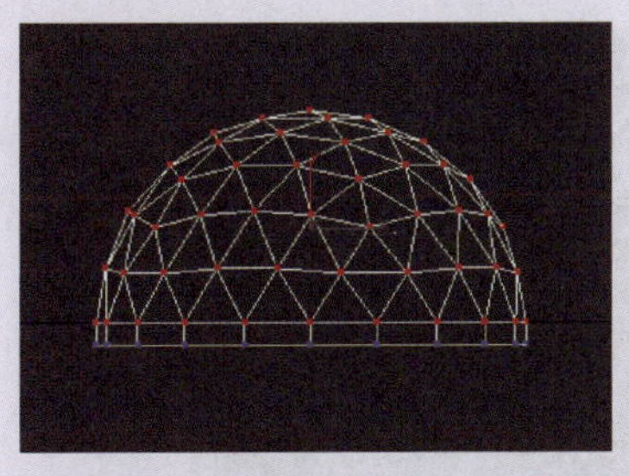
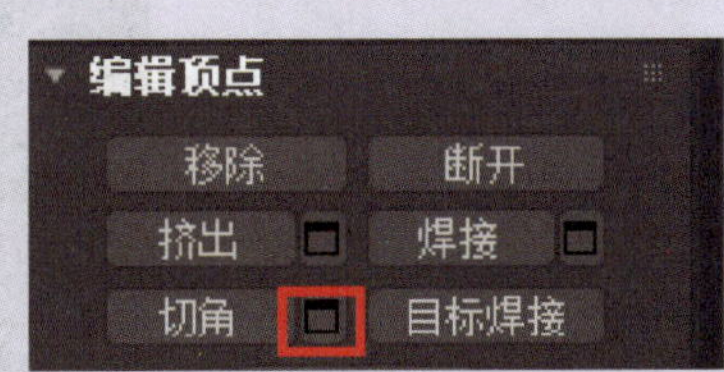

设置下方左图所示的参数，得到下方右图所示效果
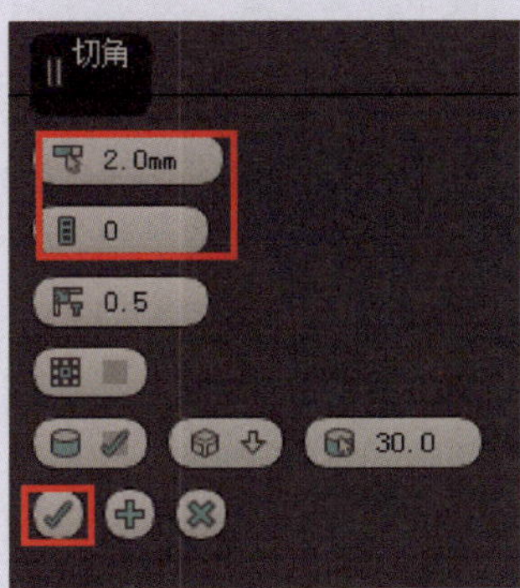

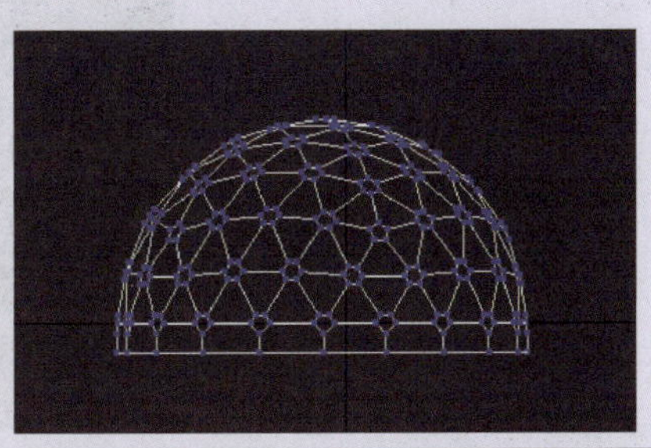</td></tr>
<tr><td>（5）选择“多边形”子集，选择多边形，在“编辑多边形”卷展栏中，选择“挤出”，设置参数为 300 mm，得到下图所示效果
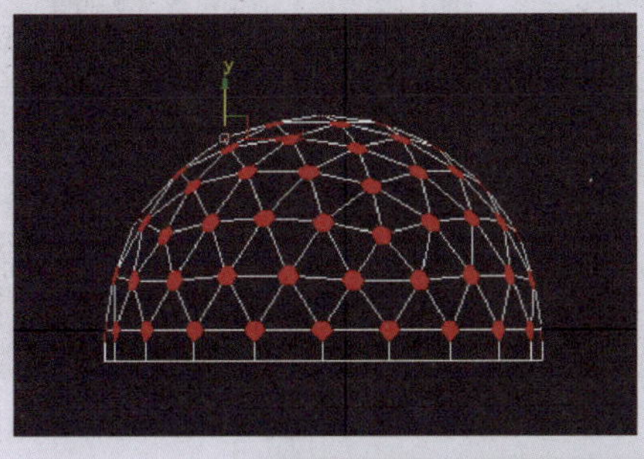
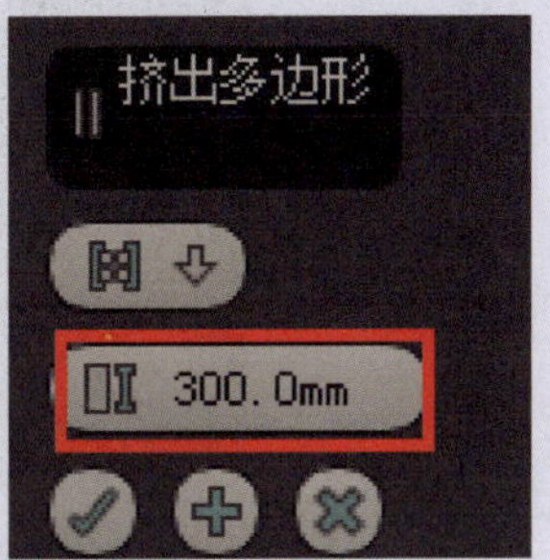

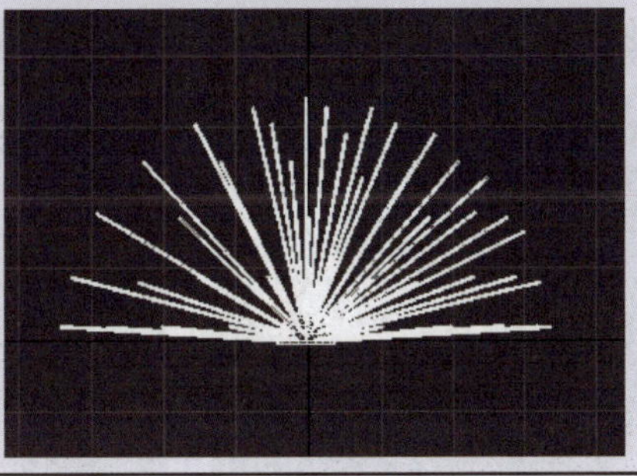</td></tr>
</table>

续表

<table>
<tr><th>操作步骤</th><th>操作要点</th></tr>
<tr><td>创建蒲公英模型</td><td>（6）选择“边界”子集，在透视视图中选择“蒲公英”对象的底部边线
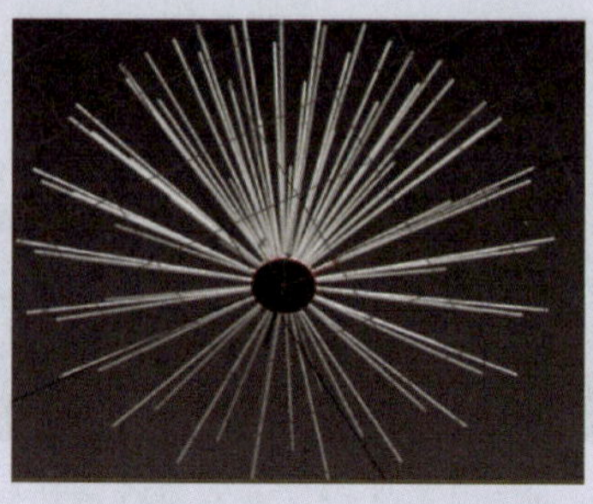
在“编辑边界”卷展栏中，选择“封口”选项，再选择“多边形”子集，在透视视图中选择底面
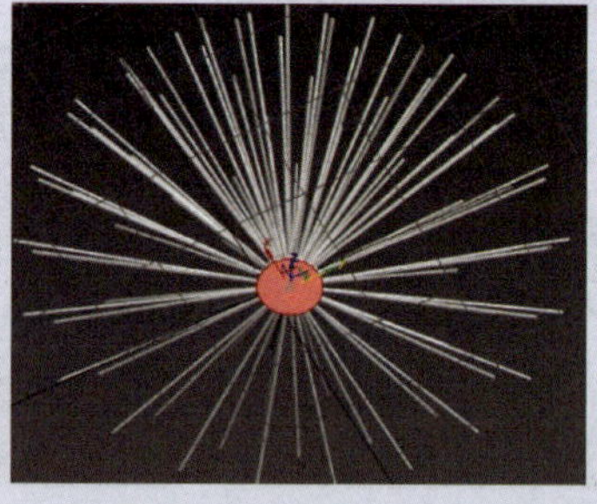
在“编辑多边形”子集中，设置“插入”参数，得到下图所示效果
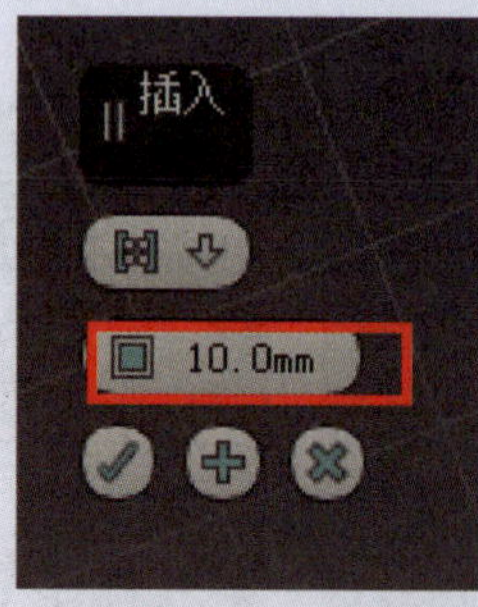
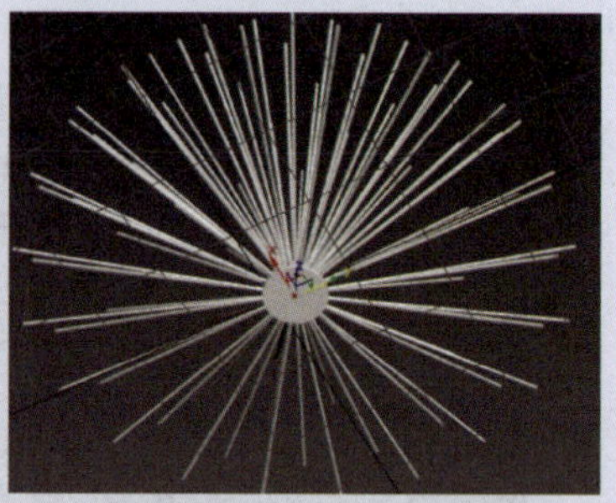
再在“编辑多边形”子集中，设置“挤出”的参数，得到蒲公英模型
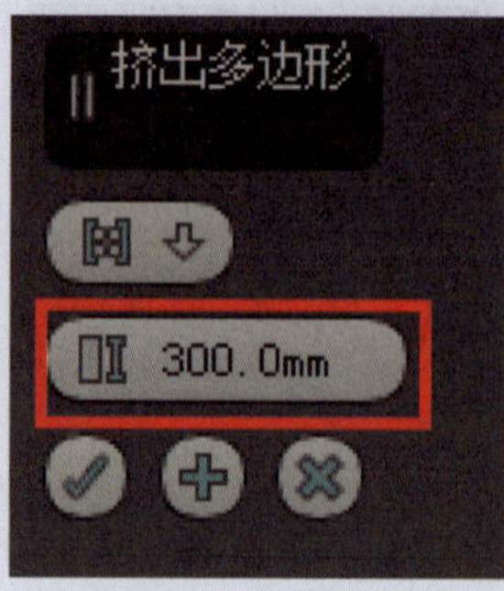
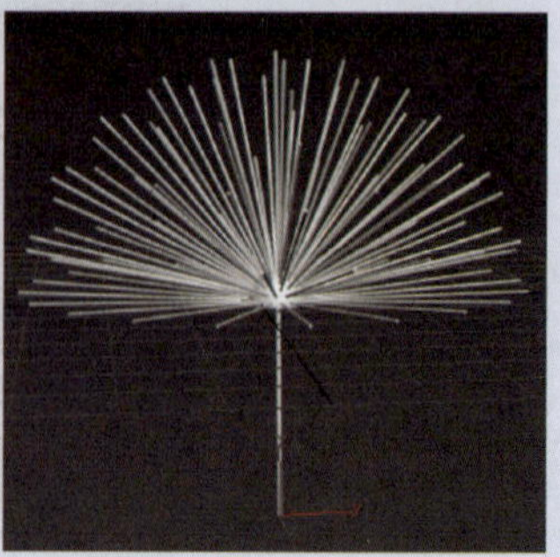</td></tr>
</table>

续表

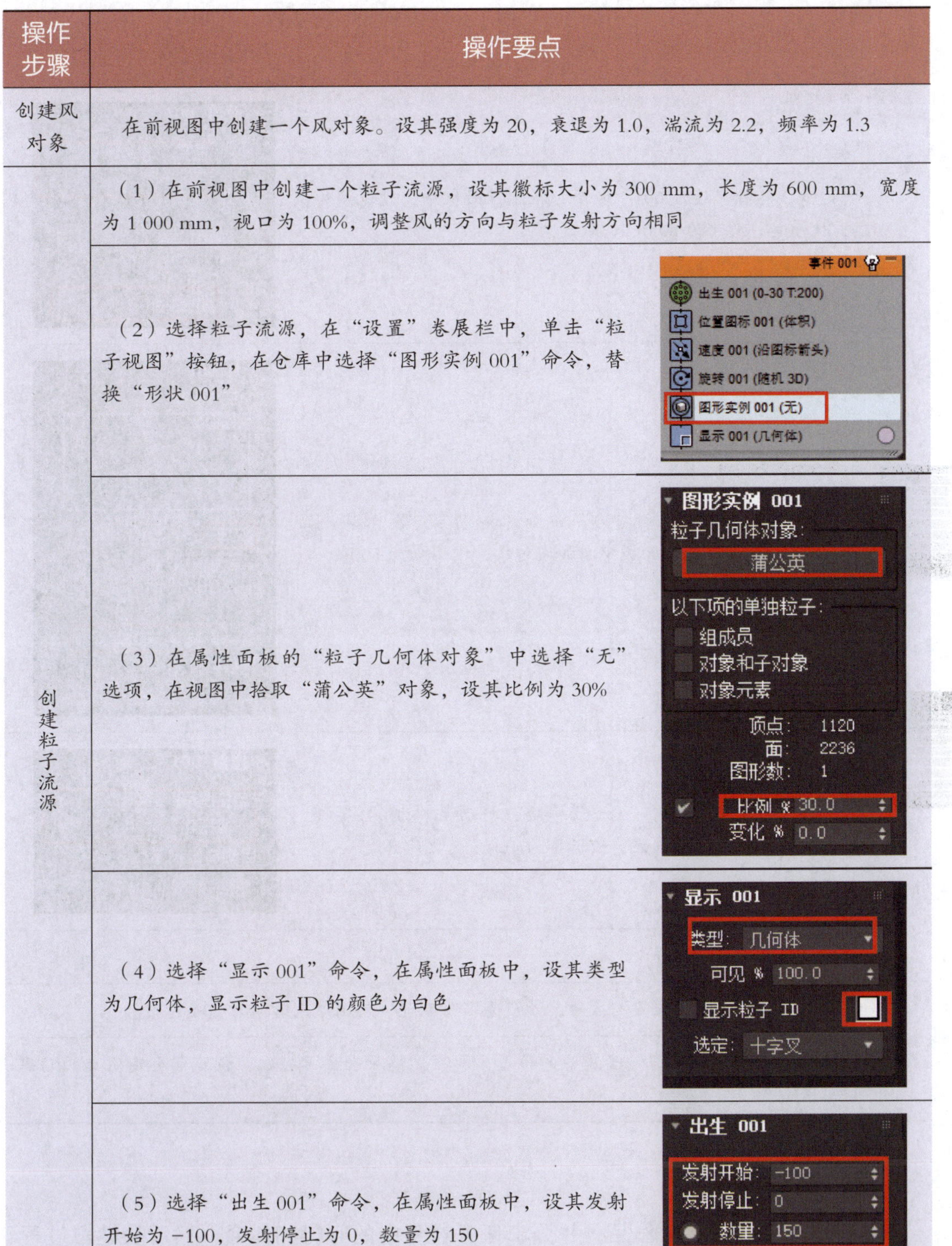

操作步骤	操作要点
创建风对象	在前视图中创建一个风对象。设其强度为 20，衰退为 1.0，湍流为 2.2，频率为 1.3
创建粒子流源	（1）在前视图中创建一个粒子流源，设其徽标大小为 300 mm，长度为 600 mm，宽度为 1 000 mm，视口为 100%，调整风的方向与粒子发射方向相同
	（2）选择粒子流源，在“设置”卷展栏中，单击“粒子视图”按钮，在仓库中选择“图形实例 001”命令，替换“形状 001”
	（3）在属性面板的“粒子几何体对象”中选择“无”选项，在视图中拾取“蒲公英”对象，设其比例为 30%
	（4）选择“显示 001”命令，在属性面板中，设其类型为几何体，显示粒子 ID 的颜色为白色
	（5）选择“出生 001”命令，在属性面板中，设其发射开始为 −100，发射停止为 0，数量为 150

续表

操作步骤	操作要点
创建粒子流源	（6）选择“速度 001”命令，在属性面板中，设速度为 300 mm，变化为 80 mm，散度为 5
	（7）在仓库中执行“力”命令，拖动至“图形实例 001”之后，在属性面板中添加风对象，设影响为 500%
	（8）在仓库中执行“自旋”命令，拖动至“力 001”之后，在属性面板中，设自旋速率为 160，变化为 80
	（9）删除“旋转 001”命令
预览动画	（1）单击“时间配置”按钮，设帧速率为 PAL，动画结束时间为 200
	（2）调整风对象与粒子流源的位置，单击“播放动画”按钮，预览蒲公英飞舞的动画效果

五、实训评价

实训任务完成后展示作品，并分享任务过程中的心得和体会，然后从学习过程、作品效果和作品展示等多方面进行实训评价，可采用学生自评、学生互评与教师评价相结合的多元评价方式，见表 7-2-3。

表 7-2-3　实训评价表

序号	评价项目	评价要求	分值 / 分	学生自评（占比 30%）	学生互评（占比 30%）	教师评价（占比 40%）
1	自主复习	实训前能应用思维导图复习、总结学习过的内容	10			
2	制订计划	对实训任务的分析准确、到位、有明确可行的操作步骤	10			
3	任务实施及检查评估	1. 能制作蒲公英模型（15 分） 2. 能制作蒲公英飞舞的动画效果（35 分） 3. 动画预览流畅自然（5 分）	60			
4	成果展示及学习心得交流	在成果展示与汇报时，能使用专业术语，表达准确、语言流畅、声音洪亮、普通话标准、仪态大方	10			
5	自主总结	能对实训后的收获进行梳理，总结收获与不足之处	5			
6	小组学习	能帮助小组内其他同学	5			
7	6S 规范	每发现 1 次不符合规范的操作扣 2 分；若违反安全操作规范，实训成绩计 0 分	—			
综合得分						

六、实训拓展

参考图 7-2-3，制作子弹发射动画。

图 7-2-3　子弹发射动画效果图

效果视频

七、知识巩固与提高

1. 创建粒子流源后，在“(　　)”卷展栏中打开粒子视图。

A. 设置　　B. 选择　　C. 发射　　D. 系统管理

2. 设置粒子的射击开始与发射停止帧，可以在“(　　)”命令中设置。

A. 速度　　B. 出生　　C. 位置图标　　D. 显示

3. 将场景中的某个模型设置为粒子几何体对象，可以在“(　　)”命令中设置。

A. 位置图标　　B. 形状　　C. 显示　　D. 图形实例

4. 如果场景中的粒子系统受风的影响，可以在“(　　)”命令中设置。

A. 出生　　B. 旋转　　C. 力　　D. 速度

5. 更改粒子系统中可见粒子的百分比，可以在“(　　)”命令中设置。

A. 位置图标　　B. 形状　　C. 显示　　D. 图形实例

实训任务 3　制作粒子跟随特效

一、实训任务

在电影的片头部分，通常会使用三维动画特效制作制片方的标识，本任务的内容就是制作一个粒子跟随路径运动的特效，完成后的效果如图 7-3-1 所示。

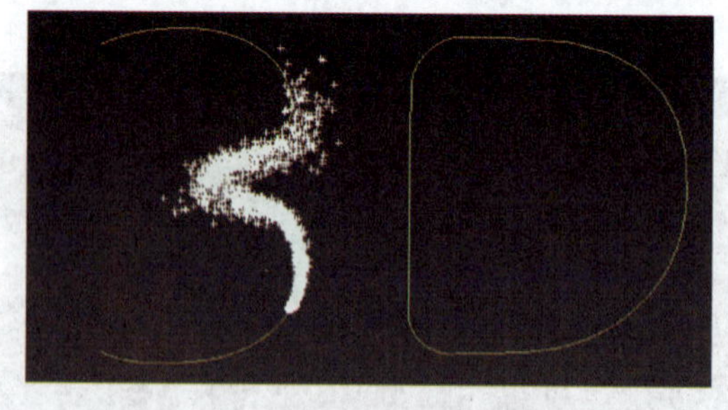

图 7-3-1　粒子跟随特效效果图

效果视频

二、任务分析

在本任务中，通过路径的绘制、动画约束、粒子视图的相关命令添加特效并设置属性，得到粒子跟随特效的动画效果。

结合以上分析，可绘制出本任务的实施过程和技术要点的思维导图，如图 7-3-2 所示。参照思维导图，复习教材中相应的知识点和技能点。

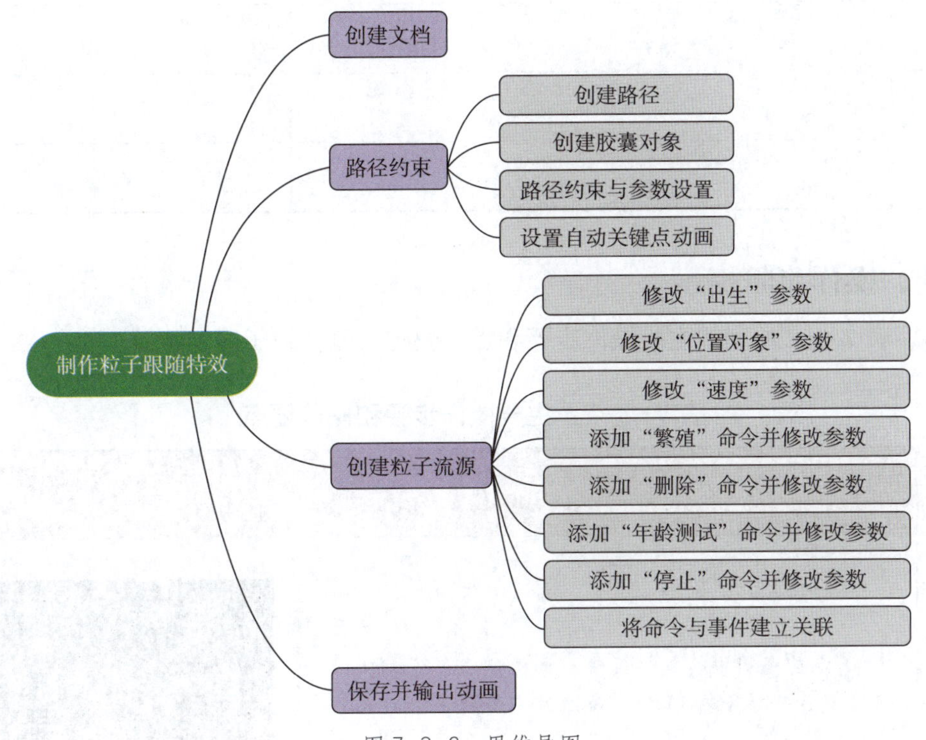

图 7-3-2　思维导图

三、制订计划

根据任务分析，制订完成本任务的实训计划，填入表 7-3-1 中。

表 7-3-1　实训计划

序号	工作内容	所需时间
1		
2		
3		
4		
5		
6		

续表

序号	工作内容	所需时间
7		
8		
9		
10		

四、操作步骤提示

参照表 7-3-2 所列的主要操作步骤和操作要点，制作粒子跟随特效。

表 7-3-2　主要操作步骤和操作要点

操作步骤	操作要点
路径约束	（1）在前视图中绘制样条线。将样条线“3”重命名为“路径 1”，将样条线“D”重命名为“路径 2”
	（2）在右侧命令面板中执行“创建”→“几何体”→“扩展基本体”→“胶囊”命令，设其半径为 16 mm，高度为 50 mm，颜色为白色，将对象重命名为“m1”，复制“m1”对象，并将其重命名为“m2”
	（3）选择“m1”对象，在菜单栏上执行“动画”→“约束”→“路径约束”命令，拾取“路径 1”。单击右侧面板上的“运动”，在“路径参数”中选择“跟随”“倾斜”。重复以上操作，将“m2”对象路径约束到“路径 2” 路径选项： % 沿路径：0.0 跟随　倾斜 倾斜量：0.5 平滑度：0.5
	（4）设置“时间配置”参数。设帧速率为 PAL，动画结束时间为 460

续表

操作步骤	操作要点
路径约束	（5）调整“m1”对象第 0 帧的位置（位于“路径 1”起点处），拖动其第 460 帧的关键点到第 100 帧处，调整第 100 帧的位置（位于“路径 1”结束处） 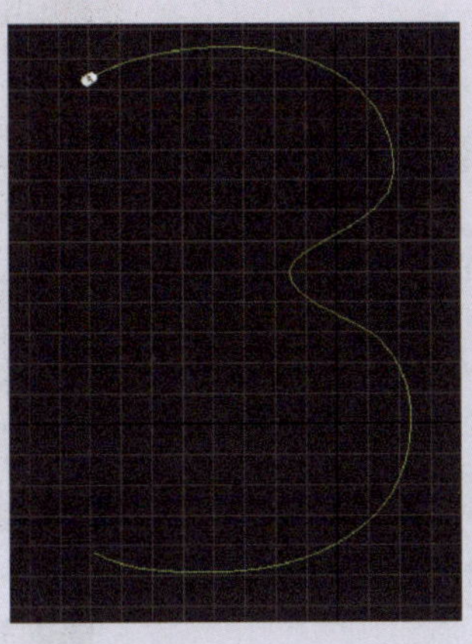 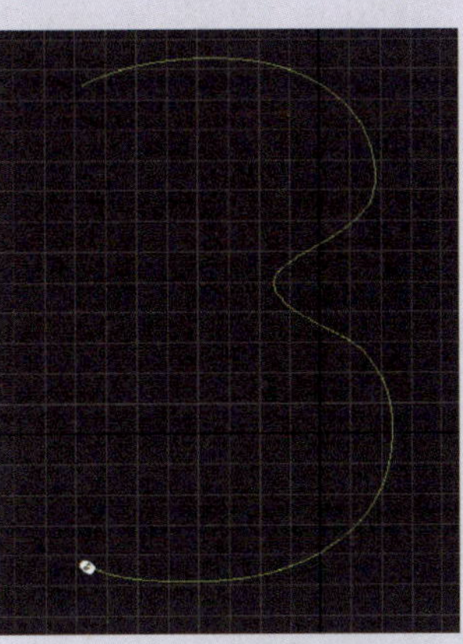
	（6）拖动“m2”对象第 0 帧的关键点到第 150 帧处，调整第 150 帧的位置，如右图所示，拖动其第 460 帧的关键点到第 400 帧处，位置与第 150 帧处的位置相同 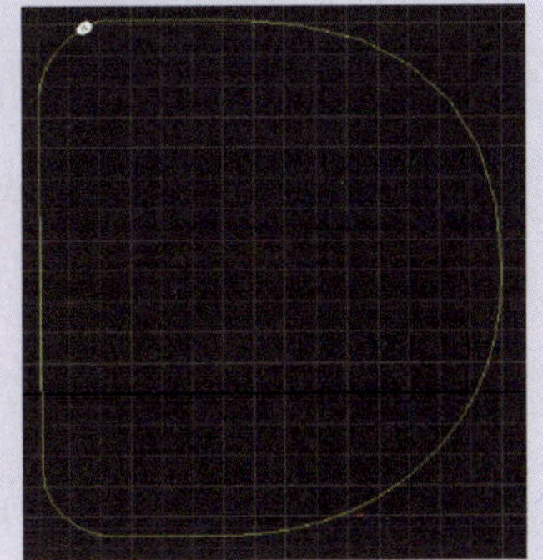
创建粒子流源	（1）在顶视图中创建一个粒子流源，设其徽标大小为 50 mm，长度为 100 mm，宽度为 60 mm，视口为 100%
	（2）在“设置”卷展栏中，单击“粒子视图”选项，选择“出生 001”命令，设发射开始为 0，发射停止为 0，数量为 200 出生 001 发射开始：0 发射停止：0 数量：200 速率：60.0 总计：200 子帧采样

续表

操作步骤	操作要点
创建粒子流源	（3）在仓库中选择“位置对象”命令，拖动替换“位置对象 001”命令。在右侧属性面板中单击“添加”按钮，拾取“m1”对象，勾选“锁定发射器”复选框
	（4）选择“速度 001”命令，在右侧面板中设速度为 0 mm
	（5）在仓库中选择“繁殖”命令，拖动到“形状 001”之后，在右侧面板中选择“按移动距离”，设步长大小为 30 mm，可繁殖为 20%，变化为 30%，继承为 15%，变化为 50%，散度为 30 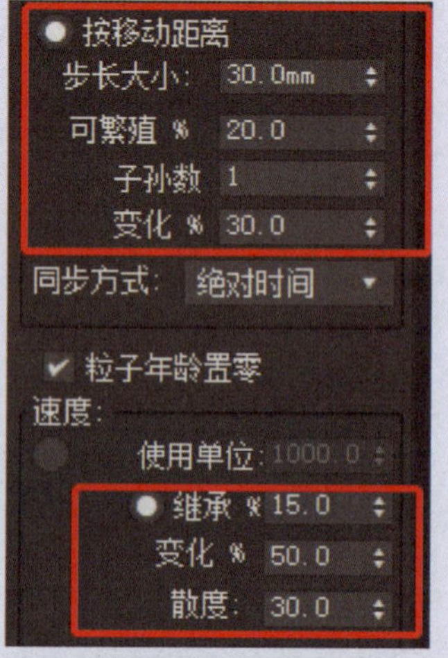

续表

<table>
<tr><th>操作步骤</th><th>操作要点</th></tr>
<tr><td rowspan="5">创建粒子流源</td><td>（6）在仓库中选择“删除”命令，拖动到“事件 002”，在右侧面板中选择“按粒子年龄”，设寿命为 25，变化为 25
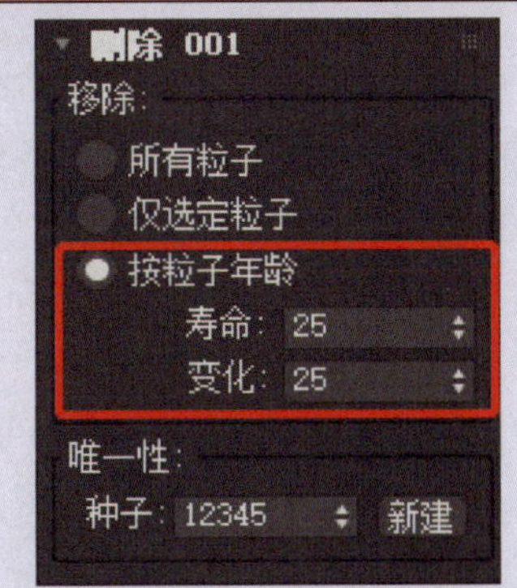</td></tr>
<tr><td>（7）连接“繁殖 001”与“事件 002”
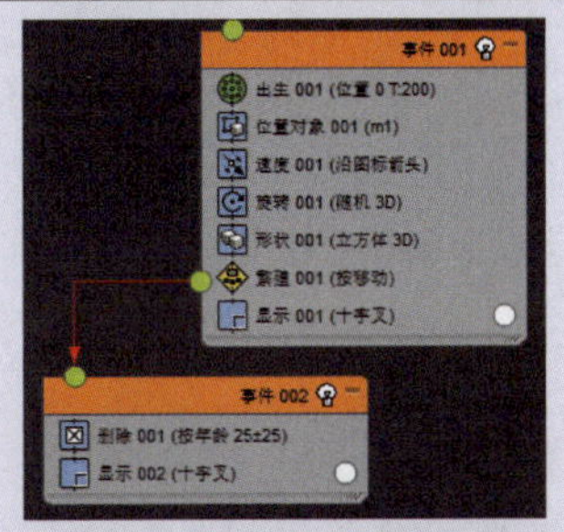</td></tr>
<tr><td>（8）在仓库中选择“年龄测试”命令，拖动至“事件 001”中的“繁殖 001”命令之后，在右侧面板选择“绝对年龄”和“大于测试值”，测试值为 100
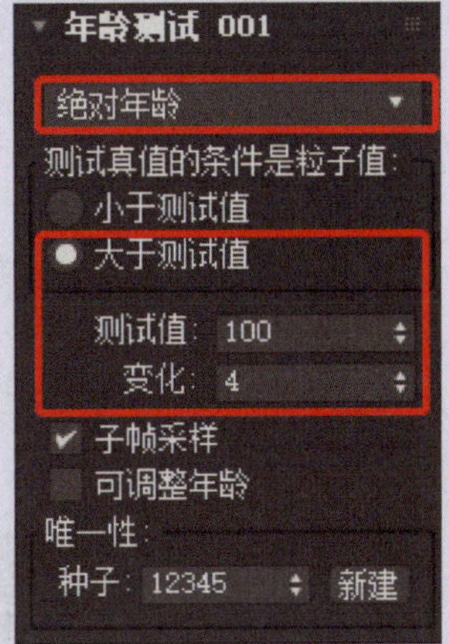</td></tr>
<tr><td>（9）在仓库中选择“停止”命令，拖动到“事件 003”</td></tr>
<tr><td>（10）在仓库中选择“删除”命令，拖动到“事件 003”的“停止 001”命令之后，设其寿命为 100
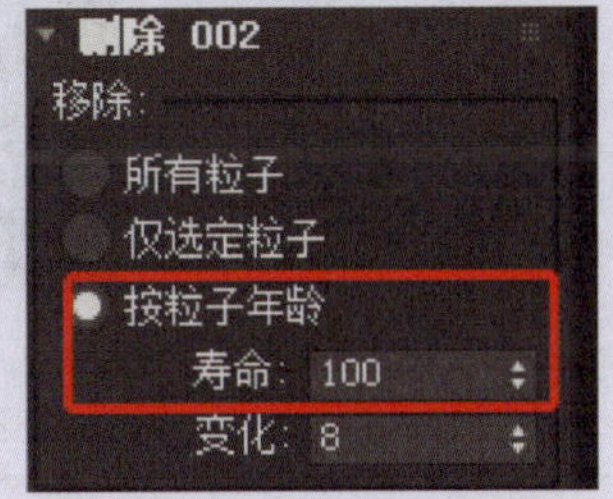</td></tr>
</table>

续表

操作步骤	操作要点
创建粒子流源	（11）选择“显示 001”“显示 002”和“显示 003”，设显示粒子 ID 的颜色为白色
	（12）连接“年龄测试 001”命令与“事件 003” 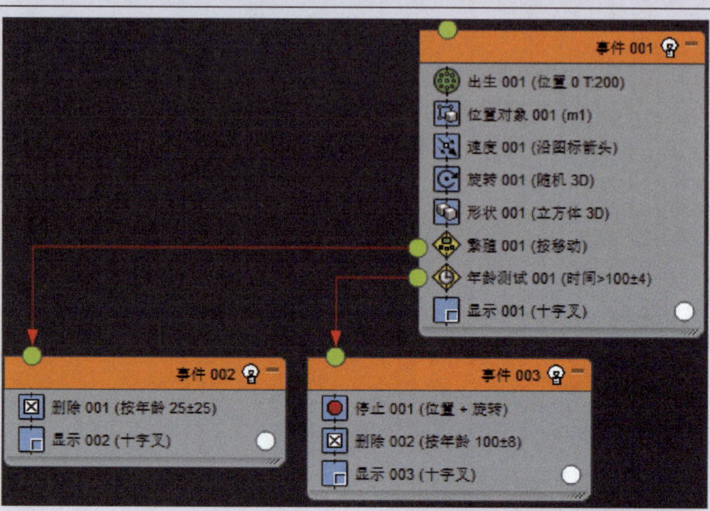
	（13）单击“播放动画”按钮，可以预览粒子随“m1”对象沿“路径 1”运动，直到消失的动画 
	（14）选择“m1”对象，单击“自动关键点”按钮，将时间滑块拖动至第 110 帧处，右击“m1”对象，选择“对象属性”，设可见性为 0 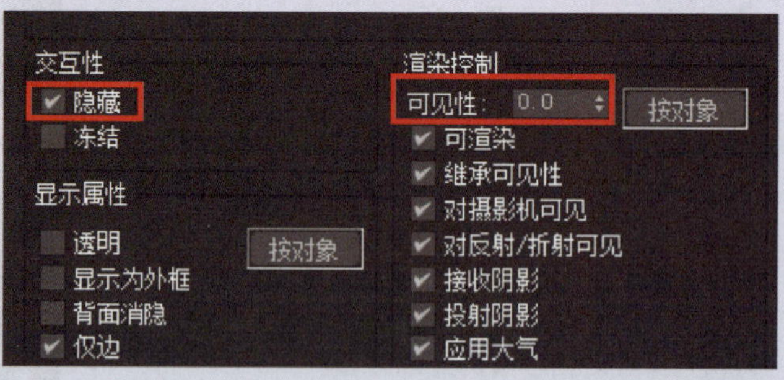 再次单击“自动关键点”按钮。预览动画，可以看到“m1”对象随粒子的消失而消失的动画

续表

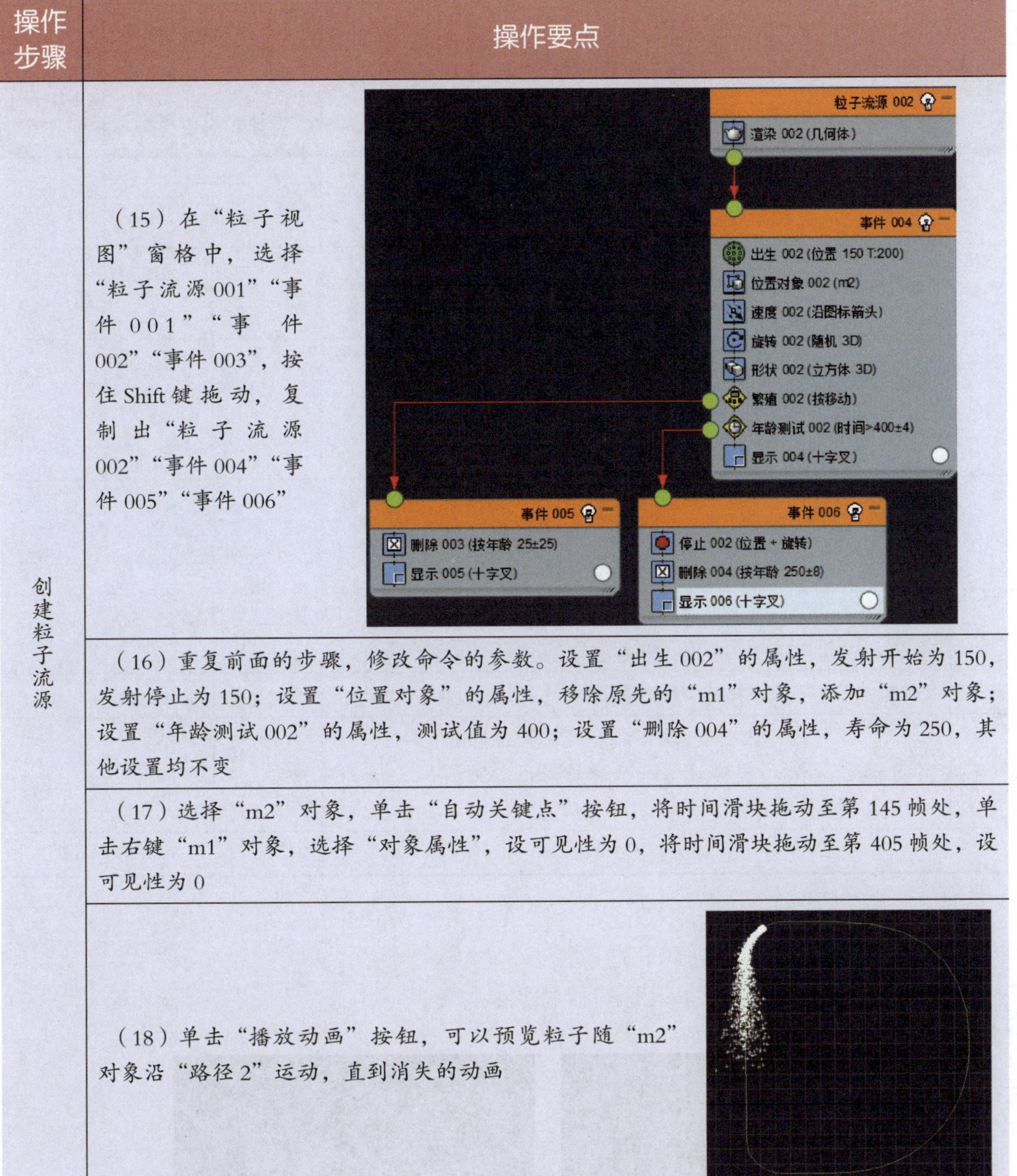

操作步骤	操作要点
创建粒子流源	(15) 在“粒子视图”窗格中，选择“粒子流源 001”“事件 001”“事件 002”“事件 003”，按住 Shift 键拖动，复制出“粒子流源 002”“事件 004”“事件 005”“事件 006”
	(16) 重复前面的步骤，修改命令的参数。设置“出生 002”的属性，发射开始为 150，发射停止为 150；设置“位置对象”的属性，移除原先的“m1”对象，添加“m2”对象；设置“年龄测试 002”的属性，测试值为 400；设置“删除 004”的属性，寿命为 250，其他设置均不变
	(17) 选择“m2”对象，单击“自动关键点”按钮，将时间滑块拖动至第 145 帧处，单击右键“m1”对象，选择“对象属性”，设可见性为 0，将时间滑块拖动至第 405 帧处，设可见性为 0
	(18) 单击“播放动画”按钮，可以预览粒子随“m2”对象沿“路径 2”运动，直到消失的动画

五、实训评价

实训任务完成后展示作品，并分享任务过程中的心得和体会，然后从学习过程、作品效果和作品展示等多方面进行实训评价，可采用学生自评、学生互评与教师评价相结合的多元评价方式，见表 7-3-3。

表 7-3-3　实训评价表

序号	评价项目	评价要求	分值 / 分	学生自评（占比30%）	学生互评（占比30%）	教师评价（占比40%）
1	自主复习	实训前能应用思维导图复习、总结学习过的内容	10			
2	制订计划	对实训任务的分析准确、到位、有明确可行的操作步骤	10			
3	任务实施及检查评估	1. 能设置路径约束（15 分） 2. 能制作粒子跟随特效（40 分） 3. 动画预览流畅自然（5 分）	60			
4	成果展示及学习心得交流	在成果展示与汇报时，能使用专业术语，表达准确、语言流畅、声音洪亮、普通话标准、仪态大方	10			
5	自主总结	能对实训后的收获进行梳理，总结收获与不足之处	5			
6	小组学习	能帮助小组内其他同学	5			
7	6S 规范	每发现 1 次不符合规范的操作扣 2 分；若违反安全操作规范，实训成绩计 0 分	—			
综合得分						

六、实训拓展

参考图 7-3-3，制作旋转花瓶打碎特效。

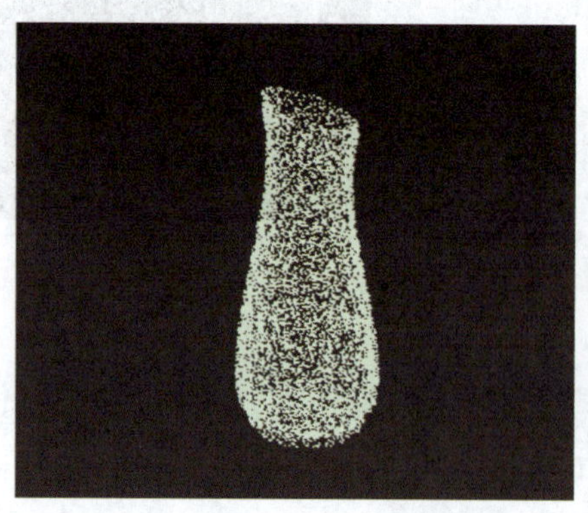

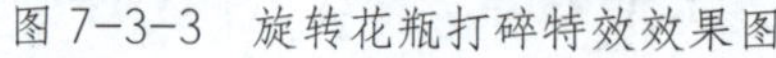

图 7-3-3　旋转花瓶打碎特效效果图

效果视频

七、知识巩固与提高

1. 利用“(　　)”命令中可以设置粒子跟随路径运动。

A. 形状　　B. 显示　　C. 位置对象　　D. 图形标记

2. 利用“(　　)”命令可以设置粒子可繁殖的百分比。

A. 出生　　B. 繁殖　　C. 显示　　D. 图形

3. 如果场景中的粒子系统受风的影响，可以利用“(　　)”命令进行设置。

A. 碰撞　　B. 旋转　　C. 力　　D. 速度

4. 关于粒子视图中的命令，以下说法中错误的是(　　)。

A. 命令可以复制　　B. 命令可以删除

C. 命令可以替换　　D. 命令不可以禁用

5. 从仓库中选择某个命令并拖动至事件中，当显示为红色线条时，表示(　　)命令。

A. 替换　　B. 添加　　C. 删除　　D. 禁用

项目八
骨骼动画

实训任务　制作人物前空翻动画

一、实训任务

人物造型及动作设置是动画设计的必备技能。本任务的内容就是在分析人物的骨骼基本构成及跳跃、转身等常见的人物动作基础上，制作人物前空翻动画，完成后的效果如图 8-1-1 所示。

图 8-1-1　人物前空翻动画效果图

效果视频

二、任务分析

在本任务中，首先完成人物骨骼的创建，使骨骼与模型适配，然后通过“蒙皮”工具绑定骨骼和模型，实现通过调节骨骼动作来控制模型运动，完成模型运动动画的制作。

结合以上分析，可绘制出本任务的实施过程和技术要点的思维导图，如图 8-1-2 所示。参照思维导图，复习教材中相应的知识点和技能点。

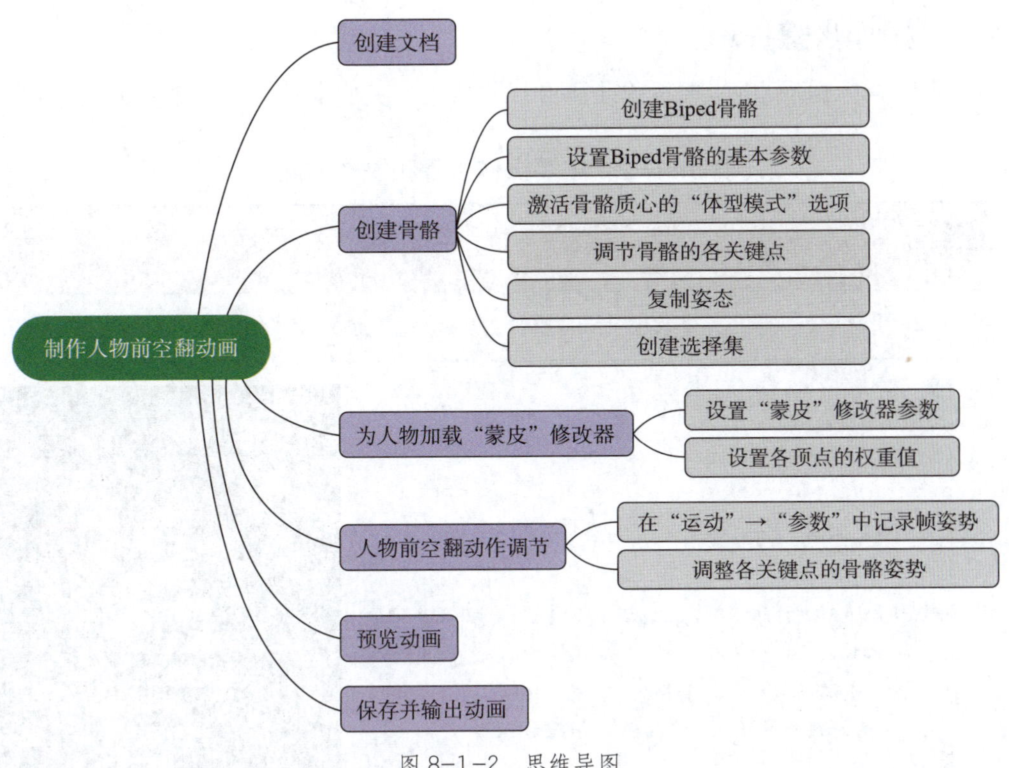

图 8-1-2　思维导图

三、制订计划

根据任务分析，制订完成本任务的实训计划，填入表 8-1-1 中。

表 8-1-1　实训计划

序号	工作内容	所需时间
1		
2		
3		
4		
5		
6		
7		
8		
9		
10		

四、操作步骤提示

参照表 8-1-2 所列的主要操作步骤和操作要点，完成人物前空翻动画的制作。

表 8-1-2 主要操作步骤和操作要点

操作步骤	操作要点
创建骨骼	（1）选中小孩模型，修改绝对世界坐标，*X* 为 0，*Y* 为 0，*Z* 为 0
	（2）打开 3D 捕捉开关，在前视图的场景中创建一个 Biped 骨骼，在“基本参数”卷展栏中，设“躯干类型”的脊椎链接为 2、手指为 2、手指链接为 2、脚趾为 1、脚趾链接为 1，其他参数使用默认值 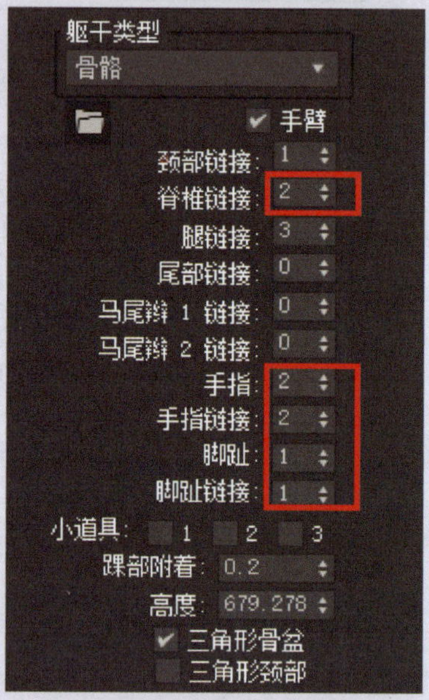
	（3）选中“Biped”骨骼的质心，在右侧的“运动”面板的“Biped”卷展栏中，单击“体型模式”按钮，再在“轨迹选择”卷展栏中依次激活“锁定 COM 关键点”“躯干水平”“躯干垂直”“躯干旋转”选项 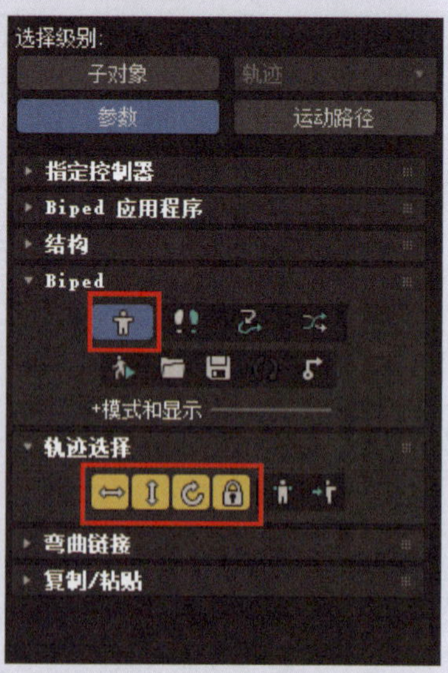

续表

操作步骤	操作要点
创建骨骼	（4）将参考坐标系修改为“局部”，通过移动、旋转和缩放工具，调整左侧骨骼的各关节点，使骨骼与模型进行适配 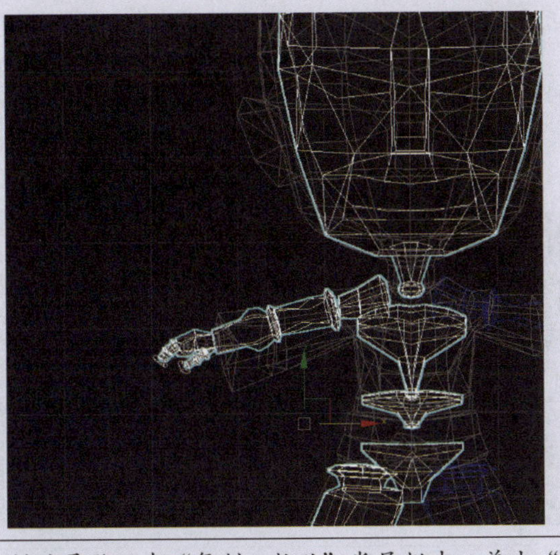
	（5）选中左侧要复制的骨骼，在“复制／粘贴”卷展栏中，单击“创建集合”按钮，激活“姿态”，单击“复制姿态”按钮，再单击“向对面粘贴姿态”按钮，检查右侧骨骼与模型是否适配，可进行微调 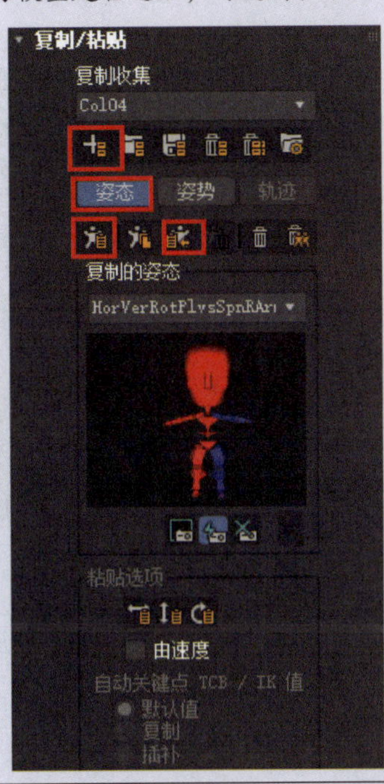 
	（6）选中所有骨骼对象，在“创建选择集”中创建一个名称为“骨骼”的选择集

续表

<table>
<tr><th>操作步骤</th><th>操作要点</th></tr>
<tr><td rowspan="4">为人物加载“蒙皮”修改器</td><td>（1）选择“小孩”模型，加载“蒙皮”修改器，在“高级参数”卷展栏中，将“骨骼影响限制”改为4，在“显示”卷展栏中，勾选“不显示封套”复选框，在“参数”卷展栏中添加全部骨骼
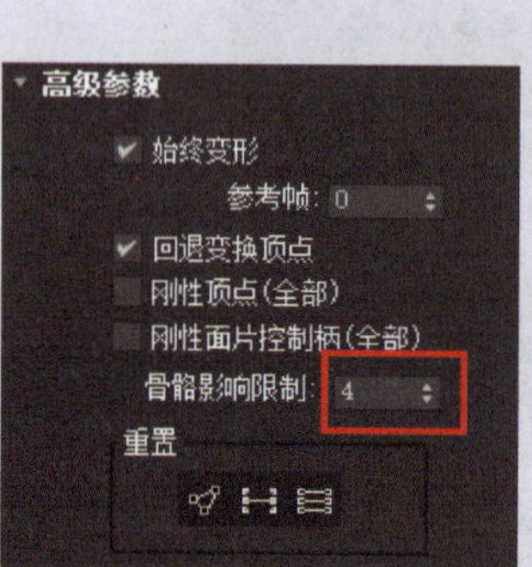

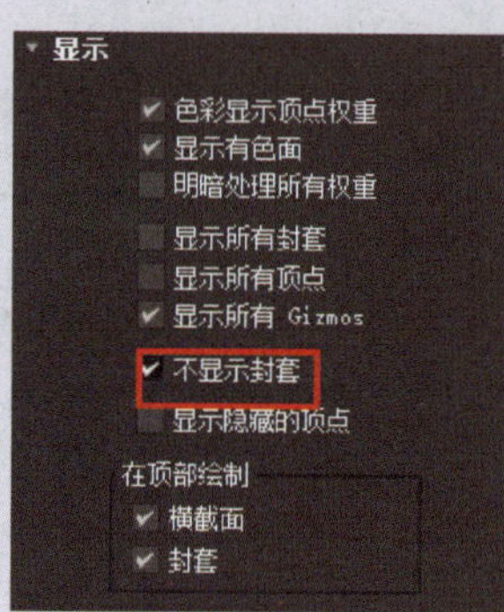

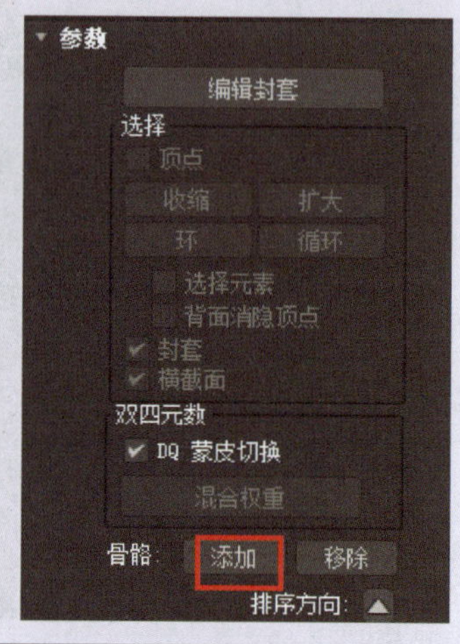
</td></tr>
<tr><td>（2）在“参数”卷展栏中，激活“编辑封套”，勾选“顶点”，将“权重工具”激活</td></tr>
<tr><td>（3）依次选中身体各部位的顶点，在“权重工具”窗口中，设置各顶点的权重值
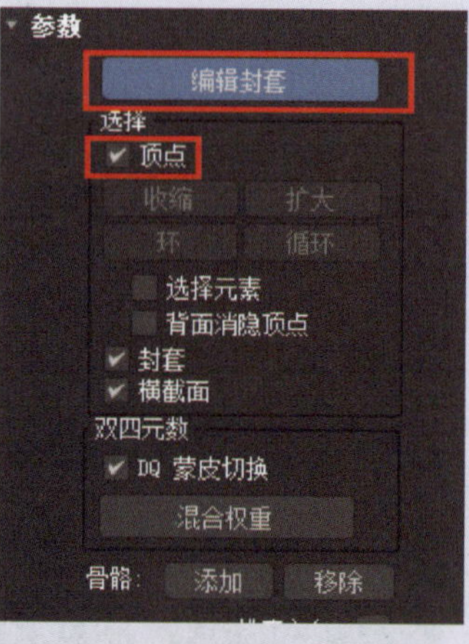

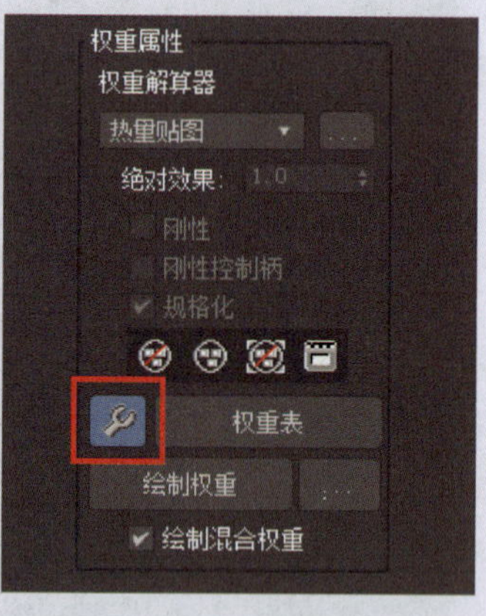
</td></tr>
<tr><td>（4）完成各个顶点的“权重分配”后，再次单击“参数”卷展栏中的“编辑封套”按钮</td></tr>
<tr><td rowspan="2">人物前空翻动作调节</td><td>（1）在右侧面板中执行“运动”命令，选择“参数”选项，在“Biped”卷展栏中单击“体型模式”按钮，关闭体型模式</td></tr>
<tr><td>（2）单击“自动关键点”按钮后，执行“运动”命令，选择“参数”选项，在“关键点信息”卷展栏中，选择“设置关键点”，记录帧姿势</td></tr>
</table>

续表

<table>
<tr><th>操作步骤</th><th>操作要点</th></tr>
<tr><td rowspan="5">人物前空翻动作调节</td><td>（3）调节骨骼姿势，完成模型第 0 帧时的初始姿势
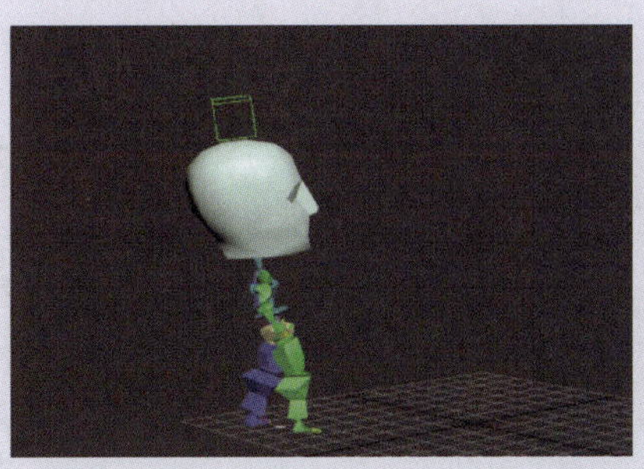 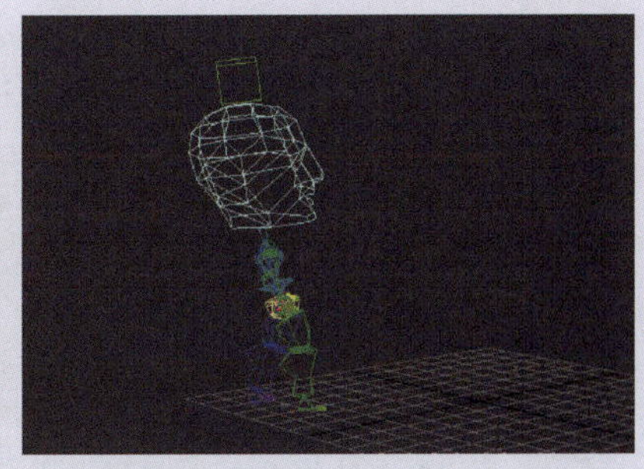</td></tr>
<tr><td>（4）拖动时间轴滑块至第 15 帧处，调节骨骼姿势和位置
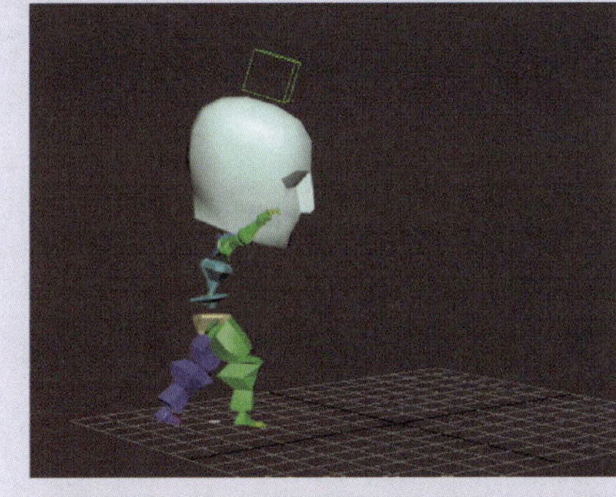 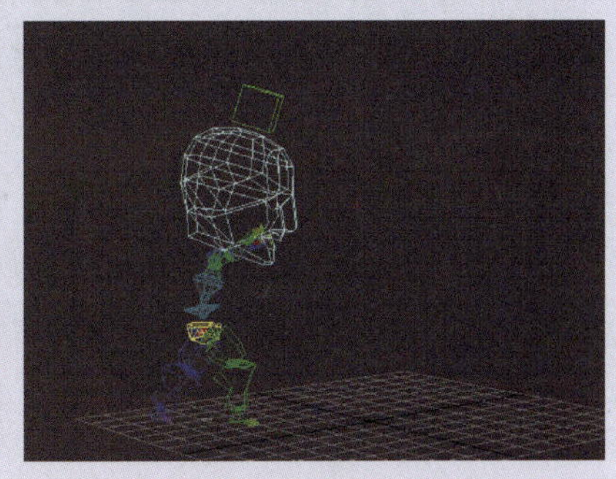</td></tr>
<tr><td>（5）拖动时间轴滑块至第 26 帧处，按照运动学规律，调节骨骼姿势和位置
 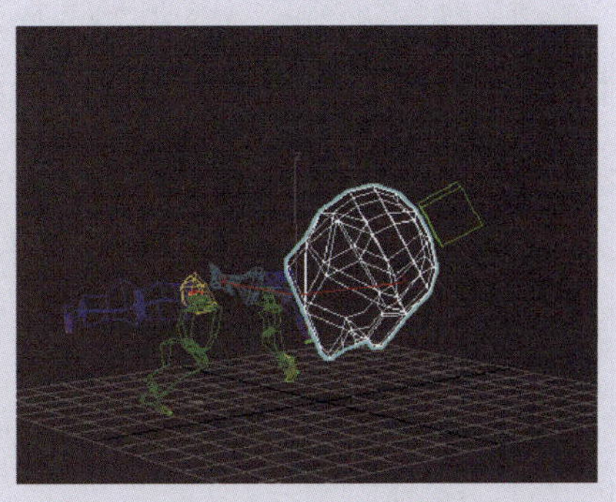</td></tr>
<tr><td>（6）重复上述动作调节，按照运动学规律，依次拖动时间尺滑块，完成后续的骨骼姿势调节</td></tr>
<tr><td>（7）完成动作调节后，继续单击“设置关键点”按钮，关闭关键帧记录</td></tr>
<tr><td rowspan="2">预览动画</td><td>（1）设置“时间配置”参数。设帧速率为 PAL，动画结束时间为 150</td></tr>
<tr><td>（2）调整透视图视口角度，预览动画效果</td></tr>
</table>

五、实训评价

实训任务完成后展示作品，并分享任务过程中的心得和体会，然后从学习过程、作品效果和作品展示等多方面进行实训评价，可采用学生自评、学生互评与教师评价相结合的多元评价方式，见表 8-1-3。

表 8-1-3　实训评价表

序号	评价项目	评价要求	分值/分	学生自评（占比30%）	学生互评（占比30%）	教师评价（占比40%）
1	自主复习	实训前能应用思维导图复习、总结学习过的内容	10			
2	制订计划	对实训任务的分析准确、到位、有明确可行的操作步骤	10			
3	任务实施及检查评估	1. 能创建骨骼（10 分） 2. 能设置“蒙皮”参数（20 分） 3. 能完成人物前空翻动作调节（25 分） 4. 动画预览自然流畅（5 分）	60			
4	成果展示及学习心得交流	在成果展示与汇报时，能使用专业术语，表达准确、语言流畅、声音洪亮、普通话标准、仪态大方	10			
5	自主总结	能对实训后的收获进行梳理，总结收获与不足之处	5			
6	小组学习	能帮助小组内其他同学	5			
7	6S 规范	每发现 1 次不符合规范的操作扣 2 分；若违反安全操作规范，实训成绩计 0 分	—			
综合得分						

六、实训拓展

参考图 8-1-3，利用素材中的人物模型，制作人物跳远动画。

图 8-1-3　人物跳远动画效果图

效果视频

七、知识巩固与提高

1. 如果需要绘制任意的骨骼系统，可以选择（　　）对象。

A. 骨骼　　B. Biped　　C. 容器　　D. 代理

2. Biped 对象默认的躯干类型是（　　）。

A. 标准　　B. 男性　　C. 女性　　D. 骨骼

3. 控制整个人体移动 / 旋转的关键点为（　　）。

A. 中心　　B. 质心　　C. 控制点　　D. 节点

4. 模型绑定骨骼动作，可以为模型加载（　　）修改器。

A. 蒙皮　　B. 焊接　　C. 替换　　D. 对称

5. 在“蒙皮”修改器中，设置权重值可以选择“（　　）”卷展栏。

A. 参数　　B. 镜像参数　　C. 显示　　D. 高级参数